歴史上の
数学者に挑む

# 古典数学の
# 難問101

小野田 博一

日本実業出版社

# まえがき


　有名な難問を自力で解いたなら，あなたはそのことを生涯，密かに誇りに思っていられます。本書は，その機会を与えるための本で，数学で遊ぶ本です。

　本書は，「数学は大得意というわけではなかったけれど，それでも数学が好きだった人」をメインの読者として想定しています。その人たちが「解いてみたいな」と食指が動くはずの手頃な難問集を目指した本です。

　数学が大得意だった人にとっての難問はあまり多くは入っていません。が，その人たちにとっても軽い暇つぶしとして楽しめる問題が多くなるようにも努めました。


　有名な問題が解けたことを密かに誇りに思うだけではなく，人に知らせて自慢したい気持ちを抑えらなくなって，謙虚なあなたが悩む幸せな（?）瞬間を，本書で何度も経験することを願っています。

　本書で何日も，何週間も楽しんでいただけたら幸いです。


　2016 年 4 月　　　　　　　　　　　　　　　　　小野田　博一

［追記］

　なお，拙著『数学＜超絶＞難問』では基本的には公式を使わない
で解く方針を取りました——公式を使うのでは安易な解き方に思う読
者がいるだろうと思ったからで，そのために難問化している問題もあ
りました——が，本書では，公式はためらわずに使っています（読者
は高校で学ぶ公式は知っているものとみなしています）。

　また，『数学＜超絶＞難問』とは問題が重ならないようにしました
が，「バーゼル問題」の前後を問題にする都合で，「バーゼル問題」そ
のものと $\sin x$ の無限級数展開は重ならざるをえませんでした。が，
本書では「バーゼル問題」そのものを出題してはいませんし，$\sin x$
の無限級数展開についても＜超絶＞とは異なり，ニュートン自身の
導き方を示したので，話題としては重なっていても，内容は重なって
いないといえるのではないかと思います。

> 本文中の記号（★と◆）について
> ★　出題そのものではない（励ましなどの）コメントや注記
> ◆　解説を一旦終えたあとの補足説明や追加説明など
> なお，★なしでコメントや注記が書いてある場合もあります。

『古典数学の難問 101』目次

まえがき

## 第 1 部 古代の軽い問題

**Q 1** 紀元前 17 世紀のパピルスの問題・その 1 —— 11

**Q 2** 紀元前 17 世紀のパピルスの問題・その 2 —— 13

**Q 3** さらに古いパピルスの問題 —— 15

**Q 4** ピュタゴラス学派の平均値（紀元前 6 世紀）—— 17

**Q 5** 2 乗平均平方根 —— 19

**Q 6-8** 各平均値の幾何学的な意味《かなりの難問》—— 21

**Q 9-10** 正方形化《かなりの難問かも》—— 23

**Q 11** 半円と長方形 —— 25

**Q 12** 3 変数の場合の相加相乗平均の不等式 —— 27

**Q 13** 4 変数の場合の相加相乗平均の不等式 —— 27

**Q 14** $n$ 変数の場合の相加相乗平均の不等式 —— 29

**Q 15** 球に内接する直方体 —— 31

**Q 16** バビロニアの近似式 —— 33

**Q 17** $\sqrt{2}$ の近似値 —— 35

**Q 18** エウクレイデスの角の 2 等分線の定理 —— 37

**Q 19** エウクレイデス関連の問題 —— 39

**Q 20** 直径が 1 の円での正弦定理 —— 41

**Q 21** アリスタルコスの不等式・その 1（前 260 年頃）—— 43

**Q 22** アルキメデスと $\sqrt{3}$（紀元前 3 世紀）—— 45

**Q 23** 平方根の近似値《ヘロンの方法》（3 世紀頃）—— 47

**Q 24** ヘロンの面積の近似値・その 1 —— 49

**Q 25** ディオパントスの問題・その 1 —— 51

## 第 2 部　中世以降の軽い問題

**Q 26** 初期の確率の問題 —— 55

　　①ルカ・パチョーリの問題（1494 年）

　　②パスカルの問題（1654 年）

**Q 27** レオナルド・ダ・ヴィンチの定規 —— 57

**Q 28** 巻髪 —— 59

**Q 29-30** シュケ関連の問題（15 世紀）—— 61

**Q 31** 4 次方程式を解く（フェラーリの方法）—— 63

**Q 32** バースカラ 2 世の問題（12 世紀）—— 63

**Q 33** 3 次方程式の根 —— 65

**Q 34** ボンベッリが解いた謎 —— 67

**Q 35** ボンベッリの問題（16 世紀）—— 69

**Q 36-37** ヴィエトの 3 次方程式の問題 —— 71

**Q 38** ヴィエトと三角法（16 世紀）—— 73

**Q 39** タンジェントのエレガントな式 —— 75

**Q 40** 方程式の解の近似値（ニュートン、1669 年）—— 77

**Q 41** ホイヘンスの問題（1673 年）—— 79

**Q 42** ライプニッツ —— 81

**Q 43** ド・モアブル関連の問題 —— 83

**Q 44** テオドロスの螺旋 —— 85

**Q 45** $\cos \dfrac{2\pi}{5}$ —— 87

**Q 46** オイラーの公式（1738 年）—— 89

**Q 47** $e$ に関する連分数（オイラー）—— 91

**Q 48** 連分数でさらに遊ぼう —— 93

**Q 49** ガウスの定理——正 17 角形は定規とコンパスで作図できる —— 95

**Q 50** パラドクスのような確率の問題 —— 97

**Q 51** 古典問題風 —— 99

## 第3部 古代の "ちょっと悩む" 問題

**Q 52** 三日月形の正方形化（前 5 世紀頃）—— 103

**Q 53** アルキメデスの正 7 角形の作図・その 1《超絶難問》 —— 105

**Q 54** アルキメデスの正 7 角形の作図・その 2 —— 107

**Q 55** $\sqrt{2}$ の近似値，再び —— 109

**Q 56** アリスタルコスの不等式・その 2（前 260 年頃）—— 111

**Q 57** ディオクレスのシソイド（前 180 年頃）── 113

**Q 58** ヘロンの公式 ── 115

**Q 59** ヘロンの難問 ── 117

**Q 60** ヘロンの面積の近似値・その 2 ── 119

**Q 61** ディオパントスの問題・その 2 ── 121

**Q 62** ディオパントスの問題・その 3 《超難問》── 123

**Q 63** ディオパントスの問題・その 4 ── 125

**Q 64** ディオパントスの問題・その 5 《超難問》── 127

**Q 65** プロクロスの問題 ── 129

## 第 4 部　中世以降の"ちょっと悩む"問題

**Q 66** レギオモンタヌスの問題（1471 年）── 133

**Q 67** カルダーノの歯車問題（16 世紀）── 135

**Q 68** タンジェントの和の超難問？── 137

**Q 69** コサインの和の美しい問題《かなりの難問？》── 139

**Q 70** $\int_0^{\frac{\pi}{2}} \cos^n(x)\,dx$ ── 141

**Q 71** 逆関数を求める ── 143

**Q 72** ニュートンによる $\sin z$ の無限級数展開（1669 年）── 145

**Q 73** アブラハム・バル・ヒーヤの問題（12 世紀）── 147

**Q 74** 半立方放物線の弧長 ── 149

**Q 75** サイクロイド（cycloid）・その 1 ── 151

**Q 76** サイクロイド・その2 —— 153

**Q 77** アルキメデスの螺旋 —— 155

**Q 78** 放物線の求長 ( ホイヘンス ) —— 157

**Q 79-80** ヤーコプ・ベルヌーイのレムニスケート（1694 年）
—— 159

**Q 81** カージオイド (cardioid)・その1 —— 161

**Q 82-83** カージオイド・その2 —— 163

**Q 84** アストロイド (astroid)・その1 —— 165

**Q 85-86** アストロイド・その2 —— 167

**Q 87** ド・モアブルの確率の問題（1718 年）—— 169

**Q 88** ド・モアブルの問題をさらに難問化 —— 171

**Q 89** バーゼル問題が解かれる前 —— 173

**Q 90** バーゼル問題を解いたあとで・その1 —— 175

**Q 91-92** バーゼル問題を解いたあとで・その2 —— 177

**Q 93** オイラーの不等式 —— 179

**Q 94** オイラーの無限積 —— 181

**Q 95** オイラーの美しい公式 —— 183

**Q 96-97** ウォリスの等式とニュートンの等式 —— 185

**Q 98** $e$ は無理数（フーリエ，1815 年）—— 187

**Q 99** シュタイナーの平面分割の問題（1826 年）—— 189

**Q 100** シュタイナーの空間分割の問題（1826 年）—— 191

**Q 101** シュタイナーの問題（19 世紀）—— 193

巻末補足　196

◆カバーデザイン：志岐デザイン事務所（萩原 睦）
◆カバーイラスト：香取亜美
◆本文ＤＴＰ：ダーツ

第 **1** 部

# 古代の軽い問題

まず，紀元前17世紀（!!）のパピルスにある問題から始めましょう。

　このパピルス（製の巻物）はアーメス・パピルスあるいはリンド・パピルスとよばれています。

　アーメスはこの書物を紀元前1650年頃に書いた（それ以前の著作から書き写した）書記の名前です。廃墟で発見されたこの巻物を1858年にスコットランドの古物研究家ヘンリー・リンドが購入しました。そして，1865年に大英博物館がそれを買い取りました。

## Q1 紀元前 17 世紀のパピルスの問題・その 1

$$\frac{2}{65} = \frac{1}{\Box} + \frac{1}{\Box}$$

この □ の中に入る，相異なる正の整数は？

（答えは，1 つ示せば OK です。）

★ □ の中の数のうち，一方は 33 以上 64 以下なので，単純に，何があてはまるかを 1 つずつチェックすれば終わりなのですが，それでは味気ないですね。それとは別の方法を使ってみましょう。

他愛ない問題に見えるかもしれませんが，解き方に気づいたとき，あなたはかなり感動するかもしれません！

第 1 部　古代の軽い問題　11

$\dfrac{2}{65} = \dfrac{2}{5 \times 13}$ である点から解いてみましょう。

2つの分数を足して $\dfrac{2n}{65}$ になるなら，それに $\dfrac{1}{n}$ を掛ければ答えが得られます。そして，2つの単位分数（分子が1である分数）の分母がどちらも65の約数（1, 5, 13, 65）であれば，和は $\dfrac{2n}{65}$ になりえます。そうして，以下の一覧が得られます。

$$\dfrac{1}{5} + \dfrac{1}{13} = \dfrac{18}{5 \cdot 13} \quad \dfrac{1}{9} \text{を掛ければ} \dfrac{2}{5 \cdot 13} \text{となるので,}$$

$$\dfrac{1}{9}\left(\dfrac{1}{5} + \dfrac{1}{13}\right) = \dfrac{1}{45} + \dfrac{1}{117} \quad [\text{解}1]$$

$$\dfrac{1}{13} + \dfrac{1}{5 \cdot 13} = \dfrac{6}{5 \cdot 13} \quad \dfrac{1}{3} \text{を掛ければ} \dfrac{2}{5 \cdot 13} \text{となるので,}$$

$$\dfrac{1}{3}\left(\dfrac{1}{13} + \dfrac{1}{5 \cdot 13}\right) = \dfrac{1}{39} + \dfrac{1}{195} \quad [\text{解}2]$$

$$\dfrac{1}{5} + \dfrac{1}{5 \cdot 13} = \dfrac{14}{5 \cdot 13} \quad \dfrac{1}{7} \text{を掛ければ} \dfrac{2}{5 \cdot 13} \text{となるので,}$$

$$\dfrac{1}{7}\left(\dfrac{1}{5} + \dfrac{1}{5 \cdot 13}\right) = \dfrac{1}{35} + \dfrac{1}{455} \quad [\text{解}3]$$

$$1 + \dfrac{1}{5 \cdot 13} = \dfrac{66}{5 \cdot 13} \quad \dfrac{1}{33} \text{を掛ければ} \dfrac{2}{5 \cdot 13} \text{となるので,}$$

$$\dfrac{1}{33}\left(1 + \dfrac{1}{5 \cdot 13}\right) = \dfrac{1}{33} + \dfrac{1}{2145} \quad [\text{解}4]$$

解はこの4通りです。（なお，パピルスに書いてある答えは上記の解2)

## Q2 紀元前17世紀のパピルスの問題・その2

$$\frac{2}{71} = \frac{1}{\square} + \frac{1}{\square} + \frac{1}{\square}$$

この□の中に入る，相異なる正の整数は？

（答えは，1つ示せば OK です。）

71は素数なので，2つの異なる単位分数（分子が1である分数）の和として表わす方法は1通りだけです（前問参照）。

$$1 + \frac{1}{71} = \frac{72}{71} \quad \frac{1}{36}を掛ければいいので，$$
$$\frac{1}{36}\left(1 + \frac{1}{71}\right) = \frac{1}{36} + \frac{1}{2556}$$

$\frac{1}{36}$を2つに分ける方法も$\frac{1}{2556}$を2つに分ける方法もいろいろありますが，以下ではそのうちの1つだけ計算します。

$$\frac{1}{2} + \frac{1}{18} = \frac{20}{36} \quad なので, \frac{1}{20}を掛けて，$$
$$\frac{1}{20}\left(\frac{1}{2} + \frac{1}{18}\right) = \frac{1}{40} + \frac{1}{360}$$

したがって，解の1つは，$\frac{1}{40} + \frac{1}{360} + \frac{1}{2556}$

(ちなみに，パピルスに書いてある答えは，$\frac{1}{40} + \frac{1}{568} + \frac{1}{710}$)

## さらに古いパピルスの問題

アーメス・パピルスよりも数百年古いとされているパピルスに、次の問題があります（ただし、使われている値は、以下では記号にかえてあります）。

高さ $h$，底辺 $a$，上辺 $b$ の切頭ピラミッド（下図の形で、底面も上の面も正方形）の体積は？

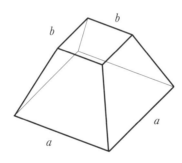

★現代なら中学生でも解ける問題ですが、今から4000年ほども前の人が解けたとは、まったくの驚きですね。

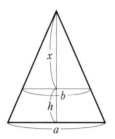

$x : b = (x+h) : a$ なので,

$\quad bx + bh = ax$

$\therefore \quad x = \dfrac{bh}{a-b}$

求める体積 $V$ は,

$\quad V = \dfrac{1}{3}\{a^2(h+x) - b^2 x\}$

$\quad\quad = \dfrac{1}{3}\{a^2 h + (a^2 - b^2)x\}$

$\quad\quad = \dfrac{1}{3}\left\{a^2 h + (a^2 - b^2) \cdot \dfrac{bh}{a-b}\right\}$

$\quad\quad = \dfrac{1}{3}\{a^2 h + (a+b)bh\}$

$\quad\quad = \dfrac{1}{3} h(a^2 + ab + b^2)$

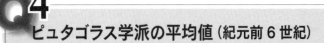

## Q4 ピュタゴラス学派の平均値（紀元前6世紀）

　ピュタゴラス学派は少なくとも10種類の平均値を定義しました。そのうちの3つが，

　　相加（算術）平均　Arithmetic mean　（以下では $A$）
　　相乗（幾何）平均　Geometric mean　（以下では $G$）
　　調和平均　Harmonic mean　（以下では $H$）
　です。

　定義は以下のとおりです。（$a$ と $b$ はどちらも正の数）

$$A = \frac{1}{2}(a+b),\ G = \sqrt{ab},\ H = \frac{2ab}{a+b}$$

$a \neq b$ のとき，

　　　$H < G < A$

が成り立ちます。

　あなたはこれを証明できますか？
（なお，$a = b$ のとき，この3つの値は同じです。）

第1部　古代の軽い問題

まず，右側の不等式の部分。

$$A - G = \frac{a+b}{2} - \sqrt{ab} = \frac{1}{2}(\sqrt{a} - \sqrt{b})^2 > 0$$

∴ $G < A$

次に，左側の不等式の部分。

$$G - H = \sqrt{ab} - \frac{2ab}{a+b} = 2\frac{\sqrt{ab}}{a+b} \cdot \left(\frac{a+b}{2} - \sqrt{ab}\right) > 0$$

∴ $H < G$

## 2乗平均平方根

重要な平均値の1つに2乗平均平方根 root-mean-square（RMS）があります（下式の右側の値です）。これはピュタゴラス学派の平均値のなかにはありませんが，平均値の仲間ということで，前問に続けてここにおきます。

$$\frac{a+b}{2} \leq \sqrt{\frac{a^2+b^2}{2}}$$

さて，上の不等式が成り立つことを，あなたは証明できますか？

# A5

$(a-b)^2 \geqq 0$ 　（等号が成り立つのは $a=b$ のとき）

$a^2 + b^2 - 2ab \geqq 0$

両辺に $a^2 + b^2 + 2ab$ を加えて，

$2(a^2 + b^2) \geqq a^2 + b^2 + 2ab = (a+b)^2$

$\dfrac{a^2 + b^2}{2} \geqq \dfrac{(a+b)^2}{4}$

$\dfrac{1}{2}$ 乗して，$\sqrt{\dfrac{a^2 + b^2}{2}} \geqq \dfrac{a+b}{2}$

# Q6-8
## 各平均値の幾何学的な意味《かなりの難問》

台形に,「底辺と平行な線」を引く問題です。
$a$ と $b$ の相加平均(算術平均) $\dfrac{a+b}{2}$ は,下図の線の長さです。

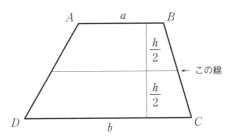

では,問題です。

どれもかなりの難問です。即座に諦めて答えを見たらもったいなさすぎます。それぞれ少なくとも丸1日は考えてみましょう。

## Q6

$a$ と $b$ の相乗平均(幾何平均)$\sqrt{ab}$ の長さの線(底辺と平行な線)はどこに引けばよい?

## Q7

$a$ と $b$ の調和平均 $\dfrac{2ab}{a+b}$ の長さの線(底辺と平行な線)はどこに引けばよい?

## Q8

$a$ と $b$ の2乗平均平方根 $\sqrt{\dfrac{a^2+b^2}{2}}$ の長さの線(底辺と平行な線)はどこに引けばよい?

**A6** 台形 $ABFE$ と台形 $EFCD$ が相似になるように直線 EF を引く。

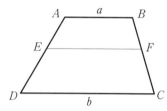

そうすれば,
$a : EF = EF : b$　∴　$EF = \sqrt{ab}$

【台形中の, 上辺から $x$ 離れている平行線の長さは $a+(b-a)\dfrac{x}{h}$ なので, $AB$ と $EF$ の距離は, $(\sqrt{ab}-a)\left(\dfrac{h}{b-a}\right)$】

**A7** 対角線 2 つの交点 $O$ を通るように直線 $GH$ を引く。

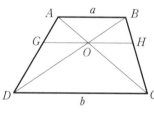

△$OAB$ と △$OCD$ が相似なので, $AB$ と $GH$ の距離を $x$ とすると,

$x : a = (h-x) : b$

∴　$x = \dfrac{ah}{a+b}$

$GH = a + \dfrac{b-a}{h} \cdot \dfrac{ah}{a+b}$

$\phantom{GH} = \dfrac{2ab}{a+b}$

**A8** 台形の面積を 2 等分するように直線 $MN$ を引く。

$AB$ と $MN$ の距離を $x$ とすると, $MN = a+(b-a)\dfrac{x}{h}$

$x = (MN-a) \cdot \dfrac{h}{b-a}$

台形 $ABNM$ の面積の 2 倍は,

$(a+MN)x = (a+MN)(MN-a)\dfrac{h}{b-a} = (a+b)\dfrac{h}{2}$

これを整理して, $MN = \sqrt{\dfrac{a^2+b^2}{2}}$

# Q9-10
## 正方形化《かなりの難問かも》

### Q9
縦の長さが $a$, 横の長さが $b$ の長方形がある（$a<b$）。これと同じ面積の正方形を作図せよ。
（正方形の1辺を作図すればOKです。）

★正方形の1辺の長さを $x$ とすれば, $ab=x^2$, つまり $x=\sqrt{ab}$ です。

ピュタゴラス学派（紀元前6世紀）にとっては, 作図方法そのものではなく, 図のどこに幾何平均が現われるかに関心がありました。

ほとんどの中学生は, 答えを見たら「なーんだ, こんなに簡単だったのか」と思うでしょう。とはいえ, 自力で本問を解ける中学生は天才でしょう。

### Q10（応用問題）
任意の4辺形が与えられたときに, それと同じ面積の正方形を作図する方法は？

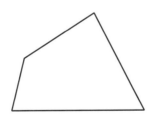

### A9

いろいろな方法がありますが，ここでは1つだけ示します。

直径が $b$ である円を描き，下図のように「$b$ の左端から $a$ のところ」から垂直に直線を引き，その線が円と交わるところから $b$ の左端までの長さが $\sqrt{ab}$ です（$x:a=b:x$ ですから）。

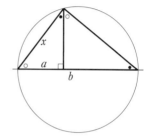

### A10

任意の3角形は，右図のように，垂線の半分のところで底辺と平行に線を引けば，同じ面積の長方形を作れます。

したがって，4辺形を2つの3角形に分け，それぞれの面積と同じ長方形を作り，それぞれを正方形化して，右図のようになります。

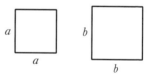

ここで，右図の3角形を描くと，

$a^2+b^2=c^2$ なので，$c$ を1辺とする正方形を描けばいいのです。

## 半円と長方形

半径1の半円があります。

下図のように，長方形を，1辺は弦の上として半円に内接させる場合，長方形の面積が最大となるのは，どんな長方形のとき？

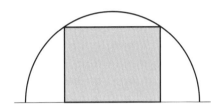

下図 ($a>0$, $b>0$, $a^2+b^2=1$) より，長方形の面積は，$2ab=2\sqrt{a^2b^2}$

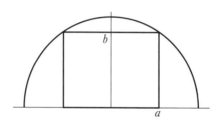

相加相乗平均の関係より，
$$2\sqrt{a^2b^2} \leqq 2 \times \frac{a^2+b^2}{2} = 1$$

(等号が成り立つのは $a=b=\dfrac{1}{\sqrt{2}}$ のとき)

つまり，1辺が $\dfrac{1}{\sqrt{2}}$ の正方形を左右に2つ並べた形のとき。

## Q12
# 3変数の場合の相加相乗平均の不等式

3変数の場合，相加相乗平均の不等式は以下のようになります。

$a$, $b$, $c$ がどれも正である場合，

$$\frac{a+b+c}{3} \geqq (abc)^{\frac{1}{3}}$$

（等号が成り立つのは $a=b=c$ のとき）

あなたはこれを証明できますか？


## Q13
# 4変数の場合の相加相乗平均の不等式

$a$, $b$, $c$, $d$ がどれも正である場合，

$$\frac{a+b+c+d}{4} \geqq (abcd)^{\frac{1}{4}}$$

（等号が成り立つのは $a = b = c = d$ のとき）

あなたはこれを証明できますか？

第1部　古代の軽い問題　27

# A12

$x>0,\ y>0,\ z>0$ のとき,

$$x^3+y^3+z^3-3xyz$$
$$=(x+y+z)(x^2+y^2+z^2-xy-yz-zx)$$
$$=(x+y+z)\frac{1}{2}\left\{(x-y)^2+(y-z)^2+(z-x)^2\right\}$$
$$\geqq 0 \quad (\text{等号が成り立つのは } x=y=z \text{ のとき})$$

ゆえに, $x^3+y^3+z^3 \geqq 3xyz$

$x=a^{\frac{1}{3}},\ y=b^{\frac{1}{3}},\ z=c^{\frac{1}{3}}$ を代入して,

$$\frac{a+b+c}{3} \geqq (abc)^{\frac{1}{3}}$$

(等号が成り立つのは $a=b=c$ のとき)


# A13

$a, b, c, d$ は正の数なので,

$$\frac{a+b+c+d}{4}=\frac{1}{2}\left(\frac{a+b}{2}+\frac{c+d}{2}\right)$$
$$\geqq \frac{1}{2}(\sqrt{ab}+\sqrt{cd})$$
$$\geqq \sqrt{\sqrt{ab}\cdot\sqrt{cd}}=(abcd)^{\frac{1}{4}}$$

等号が成り立つのは, はじめの不等式の場合の $a=b$ かつ $c=d$ と, 次の不等式の場合の $ab=cd$ のときで, 結局 $a=b=c=d$ のとき。

## Q14 $n$ 変数の場合の相加相乗平均の不等式

$n$ 個の正の数 $a_1$, $a_2$, ..., $a_n$ に対して,

$$\frac{a_1+a_2+a_3+\cdots+a_n}{n} \geq \sqrt[n]{a_1 a_2 a_3 \cdots a_n}$$

(等号が成り立つのは $a_1=a_2=\cdots=a_n$ のとき)

あなたはこれを証明できますか？

★かなりの難問なので第3部あたりにおくべきかもしれませんが，これは前問（Q13）の次にあるほうが美しいでしょうから，ここにおきます。本問を数日以内に解けたら，あなたは天才でしょう。

第1部 古代の軽い問題　29

# A14

前問と同じ理由により，8変数，16変数，32変数…と $2^m$ 変数の場合に，相加相乗平均の不等式は成り立ちます（$m$ は任意の正の整数）。

そこで，$n$ 個の変数で成り立つ場合に，$n-1$ 個の変数でも成り立つことを示せば証明は終わりです（すべての正の整数個の変数の場合で成り立つことになります）。それが以下です。

$n$ 個の変数で成り立つとする。

$n-1$ 個の正の数 $a_1 \sim a_{n-1}$ に対して，$a_1+a_2+a_3+\cdots+a_{n-1}=(n-1)k$ とおくと，

$$\frac{a_1+a_2+a_3+\cdots+a_{n-1}+k}{n} \geqq \sqrt[n]{a_1 a_2 a_3 \cdots a_{n-1} k}$$

$$\therefore \quad k \geqq \sqrt[n]{a_1 a_2 a_3 \cdots a_{n-1} k}$$

$$k^n \geqq a_1 a_2 a_3 \cdots a_{n-1} k$$

$$k^{n-1} \geqq a_1 a_2 a_3 \cdots a_{n-1}$$

$$k \geqq \sqrt[n-1]{a_1 a_2 a_3 \cdots a_{n-1}}$$

$$k = \frac{a_1+a_2+a_3+\cdots+a_{n-1}}{n-1} \geqq \sqrt[n-1]{a_1 a_2 a_3 \cdots a_{n-1}}$$

よって，相加相乗平均の不等式は，任意の正の整数 $n$ で成り立つ（等号が成り立つのは，全変数の値が等しいとき）。

## 球に内接する直方体

半径 1 の球に内接する直方体の表面積の最大値は？

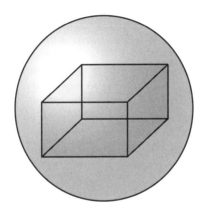

★答えは，直観的には自明ですか？

$x, y, z$ が正の値で,$x^2+y^2+z^2=1$ であるときに,対象の直方体の表面積は $xy+yz+zx$(下図の濃いアミカケ部分)の 8 倍。

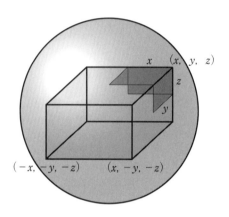

$$2(x^2+y^2+z^2)-2(xy+yz+zx)=(x-y)^2+(x-z)^2+(y-z)^2 \geqq 0$$

∴ $1 \geqq xy+yz+zx$ (等号が成り立つのは,$x=y=z=\dfrac{1}{\sqrt{3}}$ のとき)

したがって,立方体であるときに表面積は最大で,その値は 8

# Q16 バビロニアの近似式

　紀元前3世紀ころ，バビロニアでは，$b$ の値が $a$ の値に比べて小さいとき，下の近似計算を使っていました。

$$\sqrt{a^2+b^2} \fallingdotseq a + \boxed{\phantom{xxx}}$$

　□ の中の式はなんだったのでしょう？

（あなたが古代の王に仕えている数学者なら，あなたはどんな式を王に示しますか？）

第1部　古代の軽い問題　33

$\sqrt{a^2+b^2}$ の近似値 $a+x$ とは，

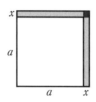

「$b^2$ の面積を上図のアミカケ部のように $a^2$ に加えたら，$x$ の値はどれくらいになるか」ということですから，図右上コーナーの濃いアミカケ部分の面積が（ごく小さなものとして）無視できるなら，$x=\dfrac{b^2}{2a}$ ですね。つまり，

$$\sqrt{a^2+b^2} \fallingdotseq a+\dfrac{b^2}{2a}$$

◆なお，$A=a^2+b^2$ とおくと，下のヘロンの式となります。

$$\sqrt{A} \fallingdotseq \dfrac{1}{2}\left(a+\dfrac{A}{a}\right)$$

【別の導き方】

2項定理を使ってみましょう。

$$(x+y)^n = x^n + nx^{n-1}y + \dfrac{n(n-1)}{2!}x^{n-2}y^2 + \dfrac{n(n-1)(n-2)}{3!}x^{n-3}y^3 + \cdots$$

$x=a^2$, $y=b^2$, $n=\dfrac{1}{2}$ を代入して，

$$(a^2+b^2)^{\frac{1}{2}} = a + \dfrac{b^2}{2a} - \dfrac{b^4}{8a^3} + \dfrac{b^6}{16a^5} - \dfrac{5b^8}{128a^7} + \cdots$$

3項目以下を切り捨てると，バビロニアの近似式となります。もちろん，後ろの項を加えれば加えるほど，より正確な近似式となります。

# Q17

## $\sqrt{2}$ の近似値

　ピュタゴラス学派は，$2x^2 - y^2 = \pm 1$ の整数解を求めることによって，$\sqrt{2}$ の近似値の求め方を示しました。

　これには恒等式，

$$- 2(x+y)^2 + (2x+y)^2 = 2x^2 - y^2$$

を使います。

　これによって，$\sqrt{2}$ の近似値として，たとえば $\dfrac{99}{70}$ や $\dfrac{577}{408}$ などが得られます。

　さて，どのように計算したらよいのでしょう？

$2x^2 - y^2 = \pm 1$ より，$2 = \dfrac{y^2}{x^2} \pm \dfrac{1}{x^2}$

したがって，$x$ が大きな値のとき，$\dfrac{y}{x}$ は $\sqrt{2}$ のよい近似となります。

$-2(x+y)^2 + (2x+y)^2 = 2x^2 - y^2$　より，$x$ と $y$ が $2x^2 - y^2 = \pm 1$ をみたすなら，

$X = x+y$，$Y = 2x+y$ は $2X^2 - Y^2 = \mp 1$ をみたします。

$x=1$，$y=1$ のとき $2x^2 - y^2 = 1$　なので，$x=1$，$y=1$ から始めて以下の表が作れます。

| $x$ | $y$ |
|---|---|
| 1 | 1 |
| 2 | 3 |
| 5 | 7 |
| 12 | 17 |
| 29 | 41 |
| 70 | 99 |
| 169 | 239 |
| 408 | 577 |
| 985 | 1393 |
| 2378 | 3363 |

こうして $\sqrt{2}$ の近似値として $\dfrac{99}{70}$ や $\dfrac{577}{408}$ などが得られます。

# Q18 エウクレイデスの角の2等分線の定理

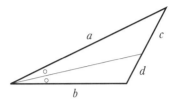

上図で，$a : b = c : d$

あなたは，中学でこれを習ったでしょうが，いま，これを証明できますか？

---

＊エウクレイデス（ユークリッド）は紀元前300年頃の人。

底辺を左に $a$ だけのばすと，下図のようになります。

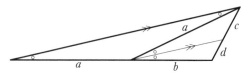

ゆえに，$a:b=c:d$

（別の解き方）

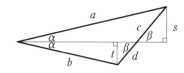

上図より，

$s = a \sin \alpha = c \sin \beta$

$t = b \sin \alpha = d \sin \beta$

$\dfrac{s}{t} = \dfrac{a}{b} = \dfrac{c}{d}$

$\therefore \quad a:b=c:d$

# エウクレイデス関連の問題

この問題は，人によってはかなりの難問でしょう。

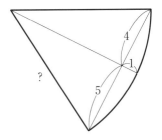

この扇形の半径の値は？

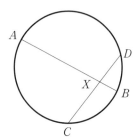

上図において，$AX \cdot XB = CX \cdot XD$

これは中学で習いましたね。エウクレイデスの方べきの定理です。

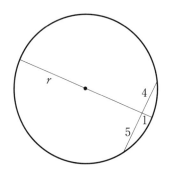

求める半径の値を $r$ とすると，方べきの定理より，

$(2r-1) \times 1 = 5 \times 4$

∴ $r = \dfrac{21}{2}$

# Q20 直径が1の円での正弦定理

　直径が1の円に内接する3角形の各辺は，対角の正弦に等しい（下図）。

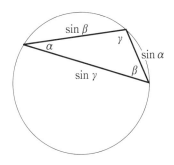

　あなたはこれを証明できますか？

★「正弦定理より自明」などとは言わずに，それを証明してみましょう。

正弦定理より自明ですが，それを証明しましょう。以下，$\sin \gamma$ の値の部分についてのみ——他の弦の値についても同様なので。

[$\gamma$ が鋭角の場合]

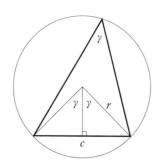

半径を $r$ とすると，
左図より，$r \sin \gamma = \dfrac{c}{2}$
$r = \dfrac{1}{2}$ なので，それを代入して
$$c = \sin \gamma$$
となります。

[$\gamma$ が鈍角の場合]

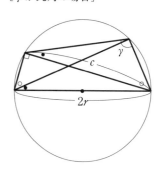

左図より，$2r \sin (180° - \gamma) = c$
$r = \dfrac{1}{2}$，$\sin (180° - \gamma) = \sin \gamma$ なので，
$$c = \sin \gamma$$
となります。

# Q21
## アリスタルコスの不等式・その1 (前260年頃)

アリスタルコス (前310 – 前230頃) は、下図 $x$ (つまり、$\sin 3°$) の値が、

$$\frac{1}{20} < x < \frac{1}{18}$$

であることを示しました (彼は、地球から太陽までの距離を計算するために、この値を求めたのでした)。

$\sin 3°$ の値は、現代なら高校生でも、$\sin(18° - 15°)$ の計算などをして求めることができます。$\sin 3° \fallingdotseq 0.052335956242943832722$ です。

また、これから、$\dfrac{9}{172} < \sin 3° < \dfrac{1}{19}$ や

$\dfrac{177}{3382} < \sin 3° < \dfrac{28}{535}$ などの不等式も容易に導けます。

ところが、アリスタルコスの時代には、三角関数の公式は何も発見されていませんでした。

アリスタルコスはそのような道具の乏しい時代に、$\sin 3°$ の精度の高い概算値を算出せずに、大小関係のみの考察で上記の関係を導いたのでした。

あなたも、アリスタルコスのように上記の関係を導けますか？

ここではまず、$\dfrac{1}{20} < \sin 3°$ を導いてみましょう。(残りの部分は後のページで)

# A21

　$\alpha$ が小さな角度として下図で，$\alpha$ が2倍，3倍となっていくとき，下図の縦線の長さ（sin の値）は2倍，3倍となっていきません。縦の長さの増え方は徐々に減っていきます。

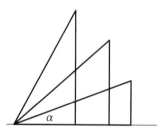

つまり，$\sin 30° < 10\sin 3°$

$\sin 30°$ は $\dfrac{1}{2}$ なので，$\dfrac{1}{20} < \sin 3°$ となります。

## アルキメデスと√3（紀元前3世紀）

　アルキメデスは連分数を使っていたのではないかといわれています（が，確証はありません）。なぜそのように考える人がいるのかを，以下説明します（その途中で出題があります）。

　アルキメデスは $\sqrt{3}$ を，

$$\frac{265}{153} < \sqrt{3} < \frac{1351}{780}$$

と述べていますが，どのようにしてこれを導いたのかは述べていません。

　さて，ここで，$\sqrt{3}$ の連分数を求めてみましょう。

　$1 < \sqrt{3} < 2$ なので，$\sqrt{3}$ の小数点以下の部分の値を $y$ として，$\sqrt{3} = 1+y$ とおくと，

$$y = \sqrt{3}-1 = \frac{(\sqrt{3}-1)(\sqrt{3}+1)}{\sqrt{3}+1} = \frac{2}{\sqrt{3}+1} = \frac{2}{2+y}$$

$$y = \frac{2}{2+y} = \frac{2}{2+\dfrac{2}{2+y}} = \frac{2}{2+\dfrac{2}{2+\dfrac{2}{2+\cdots}}}$$

したがって，

$$\sqrt{3} = 1 + \frac{2}{2+\dfrac{2}{2+\dfrac{2}{2+\cdots}}}$$

　さて，これをもとにして $\sqrt{3}$ の近似値を求めるとどうなりますか？

第1部　古代の軽い問題　45

# A22

$$\sqrt{3} = 1 + \cfrac{2}{2 + \cfrac{2}{2 + \cfrac{2}{2 + \cfrac{2}{2 + \cdots}}}}$$

第1次近似分数
第2次近似分数
第3次近似分数

上記のように近似分数の値を順に求めてみると，

| $n$ | 第 $n$ 次近似分数の値 |
| --- | --- |
| 1 | $1 + \dfrac{2}{2} = 2$ |
| 2 | $1 + \dfrac{2}{2 + \dfrac{2}{2}} = \dfrac{5}{3}$ |
| 3 | $\dfrac{7}{4}$ |
| 4 | $\dfrac{19}{11}$ |
| … | … |
| 8 | $\dfrac{265}{153}$ ← |
| 9 | $\dfrac{362}{209}$ |
| 10 | $\dfrac{989}{571}$ |
| 11 | $\dfrac{1351}{780}$ ← |

　上表の矢印のところに，アルキメデスが使った分数が現われています。それで，アルキメデスは連分数を使っていたのではないか，と考えている人がいるのです。

## 平方根の近似値《ヘロンの方法》(3世紀頃)

　ヘロンの方法で $\sqrt{3}$ の近似値を計算してみましょう。工夫がとても面白いので，知って楽しむべき方法です。
（ちなみに，平方根の値の計算の仕方は中学で習いますが，その方法が考案されたのは近世になってからです。）

　まず，$a$ を $\sqrt{3}$ より少しだけ大きい数とします。次に，$b=\dfrac{3}{a}$ とすれば，$b$ は $\sqrt{3}$ より少しだけ小さい数です。

　ここで，$G=\sqrt{ab}=\sqrt{3}$，$H=\dfrac{2\times 3}{a+b}=\dfrac{3}{A}$

（$G$ は相乗平均，$H$ は調和平均，$A$ は相加平均——17 ページ参照）

　$A$，$G$，$H$ の大小関係より，

$$\frac{3}{A} < \sqrt{3} < A$$

$b<a$ なので，$\dfrac{a+b}{2}<a$，つまり $A<a$

ゆえに，$\dfrac{3}{A}>\dfrac{3}{a}=b$

したがって，$b<\dfrac{3}{A}<\sqrt{3}<A<a$

　さて，これを使って $\sqrt{3}$ の近似値を，小数点以下数ケタくらいまで正確に求めてみると，どうなりますか？（上の式をどう利用したらいいのでしょう？）

# A23

$1.8^2 = 3.24$ なので，まず $a = \dfrac{9}{5}$ で始めてみます（もちろん，別の値
——たとえば，1.74 で始めてもまったくかまいません）。

すると，$b = \dfrac{5}{3}$，$A = \dfrac{26}{15}$ （つまり，$\sqrt{3} < \dfrac{26}{15} < \dfrac{9}{5}$ です。）

次にこの値を使い，$a = \dfrac{26}{15}$ とすると，$b = \dfrac{45}{26}$，$A = \dfrac{1351}{780}$

さらにこの値を使い，$a = \dfrac{1351}{780}$ とすると，

$$b = \frac{2340}{1351}, \quad A = \frac{3650401}{2107560} \fallingdotseq 1.73205080756894$$

$$\frac{3}{A} = \frac{6322680}{3650401} \fallingdotseq 1.73205080756881$$

もっとずっと続けられますが，ここでやめておくと，以下のように
なります。

$$\frac{3650401}{2107560} < \sqrt{3} < \frac{6322680}{3650401}$$

以上の計算だけで，（たったこれだけで！）小数点以下 12 ケタ
（1.732050807568）まで正しい値が得られています。じつに感動的で
すね。

# Q24

## ヘロンの面積の近似値・その1

　ヘロンは，1辺の長さが $a$ の正多角形の面積の近似値をいろいろ示しました。そのうちの3つは以下のとおりです。

・正8角形　　$\dfrac{29}{6}a^2$

・正10角形　$\dfrac{15}{2}a^2$

・正12角形　$\dfrac{45}{4}a^2$

　面積の近似値を $\dfrac{n}{m}a^2$（$n$ は整数，$m$ は1ケタの整数）で表わす場合，上記の値の1つは改良の余地がありませんが，残る2つは，より正確に改良できます。

　より正確な近似値は，どんな値になるでしょう？

◆1辺の長さが $a$ である正 $n$ 角形の面積は，$\dfrac{a^2}{4} \cdot \dfrac{n}{\tan\left(\dfrac{360°}{2n}\right)}$ となります。

第1部　古代の軽い問題　49

正8角形の場合，面積は左下図の2等辺3角形が8個分で，右下図より，$\dfrac{a^2}{4} \cdot 8 \cdot (1+\sqrt{2})$ となります。

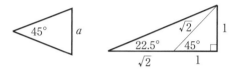

これは約 $4.828a^2$ なので，$\dfrac{29}{6}a^2$ となります。

正10角形の場合は，左下図の下側の小さな2等辺3角形と全体の3角形が相似なので

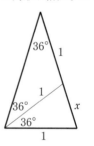

$$1 : x = 1+x : 1$$
$$\therefore \quad x = \dfrac{\sqrt{5}-1}{2} \quad [x > 0 \text{ なので}]$$

したがって，

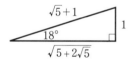

つまり正10角形の面積は，$\dfrac{a^2}{4} \cdot 10 \cdot \sqrt{5+2\sqrt{5}} \fallingdotseq 7.6942 a^2$ で，$\dfrac{54}{7}a^2$ となります。

正12角形の場合は，下図より，$\dfrac{a^2}{4} \cdot 12(2+\sqrt{3})$ で，約 $11.196a^2$ なので，$\dfrac{56}{5}a^2$ となります。

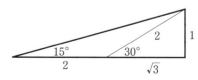

# Q25
## ディオパントスの問題・その1

「$x-6$ と $x-7$ のどちらも平方数となる有理数 $x$ を求めよ。」
(『算術』巻II, 問題13)

答えは無数にあります。そのうちの1つを求めればOKです。

なお, ディオパントスの問題における「平方数」とは, 有理数の2乗の値である数のことです。たとえば, $\left(\dfrac{11}{17}\right)^2$ は平方数で, $(\sqrt{6})^2$ は平方数ではありません。

★簡単な問題ですが, 解き方に気づかないとおそろしい難問に見えるでしょう。

*ディオパントス (Diophantos) は3世紀中ごろの人。13巻からなる『算術』 *Arithmetica* を著しました。このうち6巻分が現存しています。

$$x - 6 = u^2 \quad \cdots\cdots ①$$
$$x - 7 = v^2 \quad \cdots\cdots ②$$

とおくと，①-②より，

$$1 = u^2 - v^2 = (u+v)(u-v)$$

これをみたすようにすればよい。たとえば，$u+v=4$，$u-v=\dfrac{1}{4}$ とおくと，

$$u = \frac{17}{8}, \quad v = \frac{15}{8}$$

$$x - 6 = u^2 = \frac{289}{64}$$

$$\therefore \quad x = \frac{673}{64}$$

◆なお，ディオパントスの問題は第3部にもあります。

第**2**部

# 中世以降の軽い問題

第 2 部は，ルカ・パチョーリ（Luca Pacioli，1447 頃-1517）の問題から始めましょう。

　これは，後にフェルマーとパスカルが確率について書簡のやり取りをする出発点になっている問題で，『算術・幾何・比および比例大全』（*Summa de Arithmetica Geometria, Proportioni e Proportionalita*，1494 年）の中にあります。数学のジャンルに確率がない時代の問題で，当時は難問でした。

　なお，パチョーリはレオナルド・ダ・ヴィンチと知り合いで，ダ・ヴィンチは彼の本のために挿絵を描いています。

# Q26

## 初期の確率の問題

### ① ルカ・パチョーリの問題（1494年）

AとBが賭けをします。6ラウンド勝った者がゲームの勝者となります。Aが5ラウンド，Bが3ラウンド勝った時点でゲームを中止したとします。賭金はどのように配分するべきでしょう？
［以上では表現が不足しているので，以下，補足します。］

中止せず続けた場合に2人がゲームに勝つ確率で賭金を配分するならば，どのような配分になりますか？　ただし，各ラウンドでそれぞれが勝つ確率はどちらも$\frac{1}{2}$とします。

### ② パスカルの問題（1654年）

3点取れば勝つゲーム，つまり3点勝負というゲームで，2人のプレイヤー（AとB）がそれぞれ32ピストル（金額の単位）ずつ賭けます。Aが1点，Bが0点の時点でゲームを中止するなら，賭金はどのように配分するべきでしょう？

なお，「どのように配分するべき？」は，以下の意味でパスカルは使っています。
「各ラウンドでそれぞれが勝つ確率はつねにどちらも$\frac{1}{2}$とする。ゲームを中止せずに続けた場合にそれぞれが勝つ確率で配分するなら，どのような配分になる？」

第2部　中世以降の軽い問題　55

①

　Bが勝つためには，Bは3連勝しなければなりません。ゆえにBが勝つ確率は$\frac{1}{8}$で，Aが勝つ確率は$\frac{7}{8}$

　したがって，ゲームに勝つ確率（および配分）は，A:B=7:1

◆パチョーリはこれを比例の問題と考えていたようで，5:3と答えています。タルターリアも比例の問題と考えていました（『一般数量論』 *General Trattato*，1556年）。ペヴェローネは論理間違いをして，6:1と答えています（1558年）。

②

　次のラウンドでAが得点したら，その後Bは3連勝しなければゲームに勝てません。

　一方，次のラウンドでBが得点したら，得点は1:1と互角になって，その後にBが勝つ確率は$\frac{1}{2}$

　したがって，ゲームを中止しないなら，Bが勝つ確率は，

$$\frac{1}{2} \times \frac{1}{8} + \frac{1}{2} \times \frac{1}{2} = \frac{5}{16}$$

　ゆえに，ゲームに勝つ確率（および賭金の配分比）は，A:B=11:5

# Q27 レオナルド・ダ・ヴィンチの定規

長さ $a+b$ の線分 $AB$ の一端 $A$ は $x$ 軸上を, $B$ は $y$ 軸上を動きます。線分 $AB$ を $BM=a$, $AM=b$ の長さに分ける点 $M$ の軌跡の方程式は？

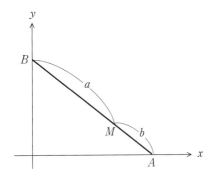

* (Leonardo da Vinci, 1452–1519)

# A27

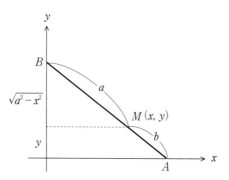

上図より，$a : b = \sqrt{a^2 - x^2} : y$

$ay = b\sqrt{a^2 - x^2}$

$a^2 y^2 = b^2(a^2 - x^2)$

$\dfrac{x^2}{a^2} + \dfrac{y^2}{b^2} = 1$

というわけで，楕円です。

## 巻髪

原点 $O$ を通る直線が,円 $x^2+y^2=2ay$ と交わる点を $A$,直線 $y=2a$ と交わる点を $B$ とする。$A$,$B$ からそれぞれ $x$ 軸,$y$ 軸に平行に引いた直線の交点を $M$ とするとき,$M$ の描く軌跡を求めよ。

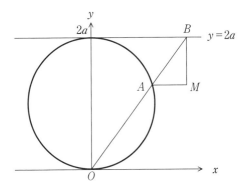

★なお,この軌跡の曲線は,巻髪とも,Witch of Agnesi(アニェージの魔女)ともよばれます。

# A28

$A$ の座標を $A(x_0, y_0)$ とすれば，
$$x_0^2 + y_0^2 = 2ay_0$$

$B$ の座標は，$B\left(\dfrac{2ax_0}{y_0}, 2a\right)$

$M$ の座標を $M(x, y)$ とすれば，
$$x = \dfrac{2ax_0}{y_0}$$
$$y = y_0$$
$$x_0^2 + y_0^2 = 2ay_0 \text{（これは上記の式）}$$

これら3式から $x_0$, $y_0$ を消去して，
$$y = \dfrac{8a^3}{x^2 + 4a^2}$$

◆ $a = 1$ の場合の軌跡は以下のようになります。

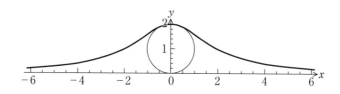

## シュケ関連の問題（15世紀）

### Q 29

$a \sim d$ がどれも正で，$\dfrac{a}{b} > \dfrac{c}{d}$ であるとき，

$$\dfrac{a}{b} > \dfrac{a+c}{b+d} > \dfrac{c}{d}$$

であることを証明せよ。

（つまり，2つの分数の，それぞれ分子同士，分母同士を足してできる分数は，もとの2つの分数の一方より大きくて他方より小さい，ということです。）

### Q 30

ニコラ・シュケ（Nicolas Chuquet，1430頃－1487）は上記の関係を（証明なしで）用い，

$\sqrt{6} \fallingdotseq \dfrac{485}{198}$ を導きました。

彼はどのように計算したのでしょう？ $\dfrac{27}{11} > \sqrt{6} > \dfrac{22}{9}$ から始めてみてください。

# A29

$$\frac{a}{b} > \frac{c}{d} \quad \text{より}, \quad \frac{ad}{bd} > \frac{bc}{bd} \qquad \therefore \quad ad > bc$$

$$\frac{a}{b} - \frac{a+c}{b+d} = \frac{ad-bc}{b(b+d)} > 0 \qquad \text{ゆえに}, \frac{a}{b} > \frac{a+c}{b+d}$$

$$\frac{a+c}{b+d} - \frac{c}{d} = \frac{ad-bc}{d(b+d)} > 0 \qquad \text{ゆえに}, \frac{a+c}{b+d} > \frac{c}{d}$$

# A30

$\dfrac{27}{11}$ と $\dfrac{22}{9}$ の分子同士と分母同士をそれぞれ足して，$\dfrac{49}{20}$ $\left(\because \dfrac{27}{11} > \dfrac{49}{20} > \dfrac{22}{9}\right)$

$$\frac{49}{20} > \sqrt{6} \qquad \therefore \quad \frac{49}{20} > \sqrt{6} > \frac{22}{9}$$

$\dfrac{49}{20}$ と $\dfrac{22}{9}$ の分子同士と分母同士をそれぞれ足して，$\dfrac{71}{29}$

$$\frac{71}{29} < \sqrt{6} \qquad \therefore \quad \frac{49}{20} > \sqrt{6} > \frac{71}{29}$$

以下同様に，

$$\frac{49}{20} > \sqrt{6} > \frac{120}{49}$$

$$\frac{49}{20} > \sqrt{6} > \frac{169}{69}$$

$$\frac{49}{20} > \sqrt{6} > \frac{218}{89}$$

$$\frac{267}{109} > \sqrt{6} > \frac{218}{89}$$

$\dfrac{267}{109}$ と $\dfrac{218}{89}$ の分子同士と分母同士をそれぞれ足して，$\dfrac{485}{198}$

◆ $\sqrt{6} = 2.44948974278\cdots$, $\dfrac{485}{198} = 2.4494949\cdots$ なので，何度も計算した割には精度はあまり高くないですね。

# Q31
## 4次方程式を解く（フェラーリの方法）

4次方程式の解き方を最初に見つけたのは，カルダーノの弟子のフェラーリ（L. Ferrari, 1522 – 1565）でした。その方法で次の問題を解いていきましょう。

「$x^4 + 2x^2 - 4x + 8 = 0$　を解け」

まず，$u$ を用いて $(x^2 + u)^2$ となるようにします。
$$(x^2 + u)^2 = x^4 + 2ux^2 + u^2$$
与えられた式を使って，
$$= (-2x^2 + 4x - 8) + 2ux^2 + u^2$$
$$= (2u - 2)x^2 + 4x + (u^2 - 8) \quad \cdots\cdots①$$
この判別式が0となればいいので……。あとは計算するだけです。計算してみましょう。

# Q32
## バースカラ2世の問題（12世紀）

「$x^4 - 2(x^2 + 200x) = 9999$　を解け」

「鋭い直観を要する」と彼は述べているのですが，フェラーリの方法を使えば直観は必要ありませんね。

バースカラ2世は正の実数解を求めていますが，解をすべて求めてみましょう。

第2部　中世以降の軽い問題　63

# A31

判別式 $=0$ より，$4-(2u-2)(u^2-8)=0$

整理して，$(u-3)(u^2+2u-2)=0$

前ページの①に $u=3$ を代入して，

$$(x^2+3)^2 = 4x^2+4x+1 = (2x+1)^2$$

ゆえに，$x^2+3 = \pm(2x+1)$

したがって，$x^2-2x+2=0,\ x^2+2x+4=0$

$$x = 1 \pm i,\ -1 \pm i\sqrt{3}$$

# A32

前問同様に $u$ を用いて，

$$(x^2+u)^2 = x^4+2ux^2+u^2$$
$$= (2x^2+400x+9999)+2ux^2+u^2$$
$$= (2+2u)x^2+400x+(u^2+9999) \quad \cdots\cdots①$$

判別式が $0$ になればいいので，

$$40000-(2+2u)(u^2+9999)=0$$

展開して整理して，$-2(u-1)(u^2+2u+10001)=0$

①に $u=1$ を代入して，

$$(x^2+1)^2 = 4x^2+400x+10000 = (2x+100)^2$$
$$\therefore \quad x^2+1 = \pm(2x+100)$$

$$x^2-2x-99=0,\ x^2+2x+101=0$$

$$x = -9,\ 11,\ -1 \pm 10i$$

# Q33

## 3次方程式の根

$$x^3 + ax^2 + bx + c = 0$$

は，$x = y - \dfrac{a}{3}$ と代入することで，$x^3 + px + q = 0$ の形になります（このとき，$p = b - \dfrac{a^2}{3}$，$q = \dfrac{2a^3}{27} - \dfrac{ab}{3} + c$ です）。

さて，$x^3 + px + q = 0$ の根の公式は，次のとおりです。

$$x = \sqrt[3]{-\frac{q}{2} + \sqrt{\frac{p^3}{27} + \frac{q^2}{4}}} + \sqrt[3]{-\frac{q}{2} - \sqrt{\frac{p^3}{27} + \frac{q^2}{4}}}$$

複雑な式ではありませんが，もっと単純な形にもできます。与えられた方程式を，$x^3 + 3rx + 2s = 0$ と書けば，公式は，

$$x = \sqrt[3]{-s + \sqrt{r^3 + s^2}} + \sqrt[3]{-s - \sqrt{r^3 + s^2}}$$

となり，とてもすっきりした形になりますね。

ところで，この公式は役立つこともあれば，役立たないこともあります。

役立つ例として，次の方程式を解いてみましょう。

$$x^3 + 6x - 2 = 0$$

第2部　中世以降の軽い問題　65

前ページの根の公式を用います。

$r=2$, $s=-1$ なので,
$$x=\sqrt[3]{1+\sqrt{9}}+\sqrt[3]{1-\sqrt{9}}=\sqrt[3]{4}-\sqrt[3]{2}\quad(\text{これが実数解})$$

与式を $(x-\sqrt[3]{4}+\sqrt[3]{2})$ で割って,
$$x^2+(\sqrt[3]{4}-\sqrt[3]{2})x+2\sqrt[3]{2}+\sqrt[3]{4}+2=0$$

2次方程式の根の公式より, 虚数解は,

$$x=\frac{1}{2}\left(\sqrt[3]{2}-\sqrt[3]{4}\pm i\sqrt{3(4+2\sqrt[3]{2}+\sqrt[3]{4})}\right)$$

◆シピオーネ・デル・フェッロ (Scipione del Ferro, 1465–1526) が3次方程式を解く式を発見し, ノートに書き残しましたが未発表。それとは別に, 1535年にタルターリアが3次方程式を解く式を発見。カルダーノはその式をタルターリアから聞き出した後, デル・フェッロやタルターリアが導いたものであることを明記の上で発表しましたが, その式はその後「カルダーノの公式」とよばれるようになってしまいました。

# Q34 ボンベッリが解いた謎

「カルダーノの公式」には難点がありました。それは，与えられた方程式によっては変な答えが出てくるという点でした。

たとえば，「$x^3-15x-4=0$ を解け」の場合がそうです。

$x=4$ は，この方程式をみたすので，解（の1つ）です。ところが，カルダーノの公式で解を求めると，

$$x=\sqrt[3]{2+\sqrt{-121}}-\sqrt[3]{-2+\sqrt{-121}}$$

が得られます。それで，当時の人は，この結果に困惑していました。

この謎を解いたのが——この $x$ の値が4であることを示したのが——ボンベッリ（Rafael Bombelli，1526-1572）でした。

それにより，ボンベッリは，虚数を「わけのわからないもの」として遠ざけるのではなく，計算の道具として使うことの意義を示したのでした。

さて，彼は，どのように計算して，$x=4$ であるという結論に達したのでしょう？

（もしもあなたがボンベッリ以前の人だったなら，何を示してこの謎を解きますか？）

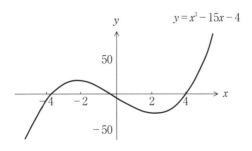

第2部 中世以降の軽い問題　67

# A34

$\sqrt{-1}$ が何であるかという疑問は横において，ボンベッリは以下のように計算しました。

$$(2+\sqrt{-1})^3 = 2+11\sqrt{-1} = 2+\sqrt{-121}$$

ゆえに，$2+\sqrt{-1} = \sqrt[3]{2+\sqrt{-121}}$ （とボンベッリは考えました）

また同様に，$-2+\sqrt{-1} = \sqrt[3]{-2+\sqrt{-121}}$

したがって，

$$\sqrt[3]{2+\sqrt{-121}} - \sqrt[3]{-2+\sqrt{-121}} = 2+\sqrt{-1} - (-2+\sqrt{-1}) = 4$$

このようにボンベッリは考えたのでした。

◆与えられた方程式には，他に $x = -2 \pm \sqrt{3}$ という解もあります。

たとえば $x = -2+\sqrt{3}$ は，

$\sqrt[3]{2+\sqrt{-121}}$ の値のひとつである $-1+\dfrac{\sqrt{3}}{2}+i\left(-\dfrac{1}{2}-\sqrt{3}\right)$ から，

$\sqrt[3]{-2+\sqrt{-121}}$ の値のひとつである $1-\dfrac{\sqrt{3}}{2}+i\left(-\dfrac{1}{2}-\sqrt{3}\right)$ を引けば

得られます。

# Q35 ボンベッリの問題（16世紀）

$\sqrt[3]{52+\sqrt{-2209}}$ を $a+b\sqrt{-1}$ の形で表わせ。

★ボンベッリは，方程式を解くために複素数が利用できることも示しました。たとえば，$x^2+20=8x$ は，それまでは解を持たないと考えられていたのですが，解 $x=4\pm2i$ を持つことを彼は示したのです。

$$\sqrt[3]{52+\sqrt{-2209}} = \sqrt[3]{52 \pm 47i}$$

解を $a+bi$ とおきます.

$$(a+bi)^3 = (a^3-3ab^2)+i(3a^2b-b^3) = 52\pm 47i \quad \cdots\cdots ①$$

$52+47i$ のノルム（複素数平面上で，原点からその複素数までの距離）は，$17\sqrt{17}$ なので，$a+bi$ のノルムは $\sqrt{17}$

つまり，$a^2+b^2=17$

とりあえず，「一方が $\pm 4$ で他方が $\pm 1$」が①をみたすかをチェックしてみるのは自然な発想で，実際それをしてみると，$a=4$，$b=\pm 1$ が①をみたします.

1つ目の解は $4+i$

2つ目の解は，これを左に $120°$ 回転させ，

$$(4+i)\left(-\frac{1}{2}+\frac{\sqrt{3}}{2}i\right) = \left(-2-\frac{\sqrt{3}}{2}\right)+\left(-\frac{1}{2}+2\sqrt{3}\right)i$$

3つ目の解は，$4+i$ を左に $240°$ 回転させ，

$$(4+i)\left(-\frac{1}{2}-\frac{\sqrt{3}}{2}i\right) = \left(-2+\frac{\sqrt{3}}{2}\right)+\left(-\frac{1}{2}-2\sqrt{3}\right)i$$

4つ目の解は $4-i$

5つ目の解は，これを左に $120°$ 回転させ，

$$(4-i)\left(-\frac{1}{2}+\frac{\sqrt{3}}{2}i\right) = \left(-2+\frac{\sqrt{3}}{2}\right)+\left(\frac{1}{2}+2\sqrt{3}\right)i$$

6つ目の解は，$4-i$ を左に $240°$ 回転させ，

$$(4-i)\left(-\frac{1}{2}-\frac{\sqrt{3}}{2}i\right) = \left(-2-\frac{\sqrt{3}}{2}\right)+\left(\frac{1}{2}-2\sqrt{3}\right)i$$

# Q36-37
## ヴィエトの3次方程式の問題

### Q 36

$x^3 + b^2 x = b^2 c$ のとき，4つの連比例項

$$b,\quad x,\quad y,\quad c-x$$

があり，$\dfrac{b}{x} = \dfrac{x}{y} = \dfrac{y}{c-x}$　より，$\dfrac{b^2}{x^2} = \dfrac{x}{c-x}$

ゆえに，$x^3 = -b^2 x + b^2 c$　で与式をみたす。

これを使って，$x^3 + 64x = 2496$　を解け。

### Q 37

$x^3 - b^2 x = b^2 d$ のとき，4つの連比例項

$$b,\quad x,\quad y,\quad x+d$$

があり，$\dfrac{b}{x} = \dfrac{x}{y} = \dfrac{y}{x+d}$　より，$\dfrac{b^2}{x^2} = \dfrac{x}{x+d}$

ゆえに，$x^3 = b^2 x + b^2 d$　で与式をみたす。

これを使って，$x^3 - 64x = 960$　を解け。

---

＊ヴィエト（François Viète，1540－1603）

「2次方程式 $ax^2 + bx + c = 0$ の2根を $x_1$, $x_2$ とするとき，$x_1 + x_2 = -\dfrac{b}{a}$，$x_1 x_2 = \dfrac{c}{a}$」を発見したのはヴィエトです。

第2部　中世以降の軽い問題　　71

# A36

4つの連比例項は $\sqrt{64}=8$ で始まり，2項目と4項目の和 $c$ が

$$\frac{2496}{64}=39$$

したがって，比例項は，8，12，18，27 で，解は $x=12$

【ヴィエトが求めていない残り2つの解は，

$x^3+64x-2496=(x-12)(x^2+12x+208)=0$　より，$x=-6\pm2i\sqrt{43}$】

# A37

4つの連比例項は $\sqrt{64}=8$ で始まり，2項目と4項目の差 $d$ が

$$\frac{960}{64}=15$$

したがって，比例項は，8，12，18，27 で，解は $x=12$

【ヴィエトが求めていない残り2つの解は，

$x^3-64x-960=(x-12)(x^2+12x+80)=0$　より，$x=-6\pm2i\sqrt{11}$】

# Q38 ヴィエトと三角法 (16世紀)

　ヴィエトは，三角関数を代数的に用いてさまざまな公式を導いた最初の数学者でした。

　たとえば彼は，$x=2\cos\alpha$，$y_n=\cos(n\alpha)$ として，漸化式

$$y_n=xy_{n-1}-y_{n-2}$$

を導きました。

　これは，書き換えると，

$$\cos(n\alpha)=2\cos\alpha\cdot\cos((n-1)\alpha)-\cos((n-2)\alpha)$$

ということです。

　あなたはこれを導けますか？

$\cos(x+2y)$

$= \cos x \cos 2y - \sin x \sin 2y$

$= \cos x (2\cos^2 y - 1) - \sin x (2\sin y \cos y)$

$= 2\cos y \cdot \cos x \cos y - 2\cos y \cdot \sin x \sin y - \cos x$

$= 2\cos y \cdot \cos(x+y) - \cos x$

$x = (n-2)\alpha$, $y = \alpha$ を代入して,

$\cos(n\alpha) = 2\cos\alpha \cdot \cos((n-1)\alpha) - \cos((n-2)\alpha)$

# Q39 タンジェントのエレガントな式

$\alpha$, $\beta$, $\gamma$ が3角形の3つの角であるとき,

$$\tan\alpha + \tan\beta + \tan\gamma = \tan\alpha \cdot \tan\beta \cdot \tan\gamma$$

じつにエレガントな式ですね。
あなたはこれを証明できますか？

$$\tan \gamma = \tan(180° - (\alpha + \beta))$$
$$= -\tan(\alpha + \beta)$$
$$= \frac{\tan\alpha + \tan\beta}{\tan\alpha\tan\beta - 1}$$
$$\tan\alpha + \tan\beta + \tan\gamma = \tan\alpha + \tan\beta + \frac{\tan\alpha + \tan\beta}{\tan\alpha\tan\beta - 1}$$
$$= \frac{\tan\alpha\tan\beta\,(\tan\alpha + \tan\beta)}{\tan\alpha\tan\beta - 1}$$
$$= \tan\alpha \cdot \tan\beta \cdot \tan\gamma$$

# Q40 方程式の解の近似値（ニュートン, 1669 年）

多次方程式の解の近似値は，現代ではパソコンで簡単に計算できますが，もちろん昔は自力で手計算するしかありませんでした。

$$x^3 - 2x - 5 = 0$$

あなたがタイムスリップして 17 世紀に行ったとして，この 3 次方程式の実数解の近似値を，少ない計算量ですむように工夫してなるべく正確に求めてください。

答えとしては，ニュートンの工夫を示します。

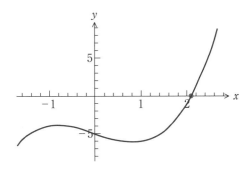

第 2 部 中世以降の軽い問題

# A40

$f(x)=0$ の解の（荒い）近似値を $x_n$ とすると，下図より，より正確な近似値を $x_{n+1}$ として，

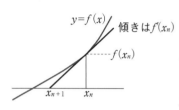

$$(x_n - x_{n+1})f'(x_n) = f(x_n)$$

$$\therefore \quad x_{n+1} = x_n - \frac{f(x_n)}{f'(x_n)}$$

でより正確な値が得られます。

これを何回か繰り返すことで，正確な値に急速に近づけることができます。

このニュートンの方法を出題（ニュートンが使った例）に使うと以下のようになります。

まず，最初の近似値 $x_1$ を 2 としてみましょう（$f(2)=-1$ なので，悪くない近似値です。もちろん初期値として別の値を使ってもかまいません）。

$f'(x) = 3x^2 - 2$ なので，$x_n - \dfrac{f(x_n)}{f'(x_n)} = \dfrac{2x_n^3 + 5}{3x_n^2 - 2}$

$$x_2 = \frac{2(2^3)+5}{3(2^2)-2} = 2.1$$

$$x_3 = \frac{2(2.1^3)+5}{3(2.1^2)-2} \fallingdotseq 2.09457$$

$$x_4 = \frac{2(2.09457^3)+5}{3(2.09457^2)-2} \fallingdotseq 2.094551482$$

と，これだけの計算でかなり正確な近似値になっています――$f(2.094551482) \fallingdotseq 0.000000005$ ですから。

◆なお，より正確な近似値は $x \fallingdotseq 2.09455148154$ です。

# Q41 ホイヘンスの問題（1673年）

　下図のように，1本の直線と，その直線上にない2つの定点（$A$ と $B$）がある。点 $C$ はその直線上を動く。「$C$ から $A$ までの距離の2乗」と「$C$ から $B$ までの距離の2乗」の和が最小となるようにするためには，$C$ の位置をどこにすればよい？

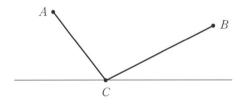

---

＊クリスティアーン・ホイヘンス（Christiaan Huygens, 1629－1695）

# A41

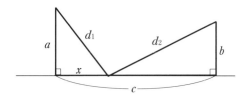

上図より,
$$d_1{}^2 + d_2{}^2 = a^2 + x^2 + (c-x)^2 + b^2$$
$$= a^2 + b^2 + c^2 + 2x^2 - 2cx$$
$$= a^2 + b^2 + c^2 + 2\left(x - \frac{c}{2}\right)^2 - \frac{c^2}{2}$$

$\left(x - \frac{c}{2}\right)^2 \geqq 0$ なので,$x = \frac{c}{2}$ のときにこの値は最小 $\left(a^2 + b^2 + \frac{c^2}{2}\right)$。

ゆえに,$x = \frac{c}{2}$ とすればよい。

# ライプニッツ

$x^4 + y^4$ を因数分解せよ。

ライプニッツはこの因数分解ができませんでした。こういう他愛ないことが記録に残るので，有名人はつらいですね。
あなたは，この因数分解ができますか？

---

＊ライプニッツ（Gottfried Wilhelm Leibniz, 1646 – 1716）

$x^4 + y^4$
$= (x^4 + y^4 + 2x^2y^2) - 2x^2y^2$
$= (x^2 + y^2)^2 - 2x^2y^2$
$= (x^2 + y^2 + \sqrt{2}xy)(x^2 + y^2 - \sqrt{2}xy)$
$= \left\{\left(x + \dfrac{y}{\sqrt{2}}\right)^2 + \dfrac{y^2}{2}\right\} \left\{\left(x - \dfrac{y}{\sqrt{2}}\right)^2 + \dfrac{y^2}{2}\right\}$
$= \left(x + \dfrac{1+i}{\sqrt{2}}y\right)\left(x + \dfrac{1-i}{\sqrt{2}}y\right)\left(x - \dfrac{1+i}{\sqrt{2}}y\right)\left(x - \dfrac{1-i}{\sqrt{2}}y\right)$

# Q43 ド・モアブル関連の問題

$$(\cos x + i\sin x)^n = \cos(nx) + i\sin(nx)$$

これは言わずと知れた，ド・モアブルの定理です。

これを見つけたとき，彼はもしかしたら，下の値を計算したかもしれませんね。

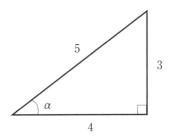

上図の $\alpha$ はおよそ何度？

分度器を使うのではなく，計算で概算値を求めてみましょう（本問は，ド・モアブルの定理を使って遊ぶ問題です）。

---

＊ド・モアブル（Abraham de Moivre, 1667−1754）

# A43

30°以上45°以下であることは，瞬時にわかりますね。

$4+3i$ を10乗してもいいのですが，値が大きくなってしまうので，ノルムを1にして，$\frac{4}{5}+\frac{3}{5}i$ を使います。

$$\left(\frac{4}{5}+\frac{3}{5}i\right)^9 \fallingdotseq 0.88-0.47i$$

$$\left(\frac{4}{5}+\frac{3}{5}i\right)^{10} \fallingdotseq 0.99+0.15i$$

10乗して360°をこえるので，36°よりも少し大きな値です。

$$\left(\frac{4}{5}+\frac{3}{5}i\right)^{39} \fallingdotseq 0.999-0.036i$$

39乗して360°×4にほんの少し足りないので，37°よりもほんの少し小さな値です $\left(360° \times \frac{4}{39} \fallingdotseq 36.923°\right)$。

したがって，$36° < \alpha < 37°$

◆より正確には，36.87°です。

また，下図より，$\cos 36° = \frac{1+\sqrt{5}}{4} \fallingdotseq 0.809 > \frac{4}{5}$ ですから，出題の角度が36°以上であることは，上記複素数を10乗しなくてもわかりますね。

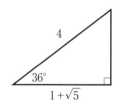

なお，あとのページで，より正確な値を求めることにしましょう。

# テオドロスの螺旋

下図のように描かれる図形を,「テオドロスの螺旋」といいます。これが複素数平面上の図形とすると,$Z_6$ の(およその)値は?

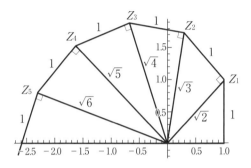

$Z_{n+1}$ は，$Z_n$ に「$Z_n$ を左に 90°回転させて長さを 1 にした複素数」を加えた値です。したがって，

$$Z_{n+1} = Z_n + \frac{Z_n}{|Z_n|} i$$

$|Z_n| = \sqrt{n+1}$ なので，

$$Z_{n+1} = \left(1 + \frac{i}{\sqrt{n+1}}\right) Z_n$$

したがって，

$$Z_6 = \left(1 + \frac{i}{\sqrt{6}}\right)\left(1 + \frac{i}{\sqrt{5}}\right)\left(1 + \frac{i}{\sqrt{4}}\right)\left(1 + \frac{i}{\sqrt{3}}\right)\left(1 + \frac{i}{\sqrt{2}}\right)(1+i)$$

この値はおよそ，$-2.64 - 0.14i$ です。

# Q45 $\cos\dfrac{2\pi}{5}$

$\cos\dfrac{2\pi}{5}$ の値を，作図を使ってどのように求めるかは，高校で学びますね。

この値は，複素数を使って求めることもできます。面白い方法なので，それを使って遊んでみましょう（じつは，同じ方法で $\cos\dfrac{2\pi}{17}$ の値——正17角形の計算をしているときに出てくる値です！——を求めることもできるので，重要な方法です）。

さて，$z=\cos\dfrac{2\pi}{5}+i\sin\dfrac{2\pi}{5}$ とおきます。

すると，$1, z, z^2, z^3, z^4$ は，単位円に内接する正5角形の各頂点です。

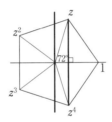

なお，$z^5=1, z^6=z, \cdots$ となります。

また，$z$ は $x^5-1=0$ の根です。

$$x^5-1=(x-1)(x^4+x^3+x^2+x+1)$$

で，$z\neq 1$ なので，$z$ は上記第2因子（右側のカッコ内部分）の根です。

つまり，$z^4+z^3+z^2+z+1=0$

また，$z$ と $z^4$ は実数軸に対して対称の位置にあるので，

$$z+z^4=2\cos\dfrac{2\pi}{5}$$

さて，ここから $\cos\dfrac{2\pi}{5}$ の値をどのようにしたら求められるのでしょう？

# A45

$\alpha = z + z^4$ とおくと，

$$\alpha^2 = z^2 + 2z^5 + z^8 = z^2 + 2 + z^3 \qquad (なぜなら，\ z^5 = 1)$$

したがって，

$$\alpha^2 + \alpha = z^4 + z^3 + z^2 + z + 2 = 1$$

ゆえに，$\alpha$ は $x^2 + x - 1 = 0$ の根で，$x = \dfrac{1}{2}(-1 \pm \sqrt{5})$

$\alpha$ は正の値なので，$\alpha = \dfrac{1}{2}(-1 + \sqrt{5})$

ゆえに，$\cos\dfrac{2\pi}{5} = \dfrac{1}{4}(-1 + \sqrt{5})$

## オイラーの公式（1738年）

$$\arctan\left(\frac{1}{n}\right) = \arctan\left(\frac{1}{n+1}\right) + \arctan\left(\frac{1}{n(n+1)+1}\right)$$

あなたはこれを証明できますか？

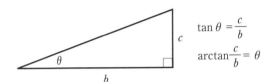

# A46

$\tan \alpha = \dfrac{1}{n}$, $\tan \beta = \dfrac{1}{n+t}$ とおくと,

$$\tan(\alpha - \beta) = \left( \frac{t}{n(n+t)+1} \right)$$

$$\therefore \quad \arctan\left(\frac{1}{n}\right) = \arctan\left(\frac{1}{n+t}\right) + \arctan\left(\frac{t}{n(n+t)+1}\right)$$

$t=1$ を代入すると, 出題の公式です。

◆ところで, 上式の $n$ と $t$ にさまざまな値を代入することで, 以下のような等式がいろいろ導けます。

$$\arctan \frac{1}{1} = \arctan \frac{1}{2} + \arctan \frac{1}{3} \qquad \cdots\cdots ①$$

$$\arctan \frac{1}{2} = \arctan \frac{1}{3} + \arctan \frac{1}{7} \qquad \cdots\cdots ②$$

$$\arctan \frac{1}{3} = \arctan \frac{1}{5} + \arctan \frac{1}{8}$$

$$\arctan \frac{1}{5} = \arctan \frac{1}{7} + \arctan \frac{1}{18}$$

$$\arctan \frac{1}{7} = \arctan \frac{1}{8} + \arctan \frac{1}{57}$$

$$\arctan \frac{1}{7} = \arctan \frac{1}{12} + \arctan \frac{1}{17}$$

$$\arctan \frac{1}{8} = \arctan \frac{1}{13} + \arctan \frac{1}{21}$$

また, ①②から下式, さらに他の式も使って, その下のような式も容易に導けます。

$$\arctan \frac{1}{1} = \frac{\pi}{4} = 2\arctan \frac{1}{3} + \arctan \frac{1}{7} \quad [オイラー]$$

$$\frac{\pi}{4} = 5\arctan \frac{1}{8} + 2\arctan \frac{1}{18} + 3\arctan \frac{1}{57}$$

# Q47 $e$ に関する連分数（オイラー）

$e = 2.718281828459\cdots$ です。

これを使って，$e$ の正則連分数（部分分子がつねに1である連分数）を作ってみましょう。

$$e = 2 + 0.718281828459\cdots$$

$$= 2 + \cfrac{1}{1 + 0.392211191\cdots}$$

$$= 2 + \cfrac{1}{1 + \cfrac{1}{2 + 0.549646778\cdots}}$$

$$= 2 + \cfrac{1}{1 + \cfrac{1}{2 + \cfrac{1}{1 + 0.81935024\cdots}}}$$

と続けて，$e$ の連分数は，「部分分子の1を省略した簡略表記」では，

$$[2;\ 1,\ 2,\ 1,\ 1,\ 4,\ 1,\ 1,\ 6,\ 1,\ 1,\ 8,\ \cdots]$$

となります（このパターンがずっと続くことを示すには，もちろん証明が必要ですが，いまは省略します）。

オイラー（Leonhard Euler, 1707-1783）は $e$ に関する連分数をいろいろ作りました。ここでは，一定のパターンが続くことの証明は抜きで，連分数を作って遊んでみましょう。

① $\dfrac{e+1}{e-1}$　この正則連分数は？

② $\dfrac{e^2+1}{e^2-1}$　この正則連分数は？

第2部　中世以降の軽い問題　　91

① $\dfrac{e+1}{e-1} = 2.1639534137\cdots$ で，これを使って計算すると，

$$\dfrac{e+1}{e-1} = 2 + \cfrac{1}{6 + \cfrac{1}{10 + \cfrac{1}{14 + \cdots}}}$$

② $\dfrac{e^2+1}{e^2-1} = 1.313035285\cdots$ で，これを使って計算すると，

$$\dfrac{e^2+1}{e^2-1} = 1 + \cfrac{1}{3 + \cfrac{1}{5 + \cfrac{1}{7 + \cdots}}}$$

◆①でも②でも規則的なパターンがずっと続くことを証明してみたくなりましたか？　してみたくなったでしょう？

　オイラーの計算への熱意の源を，あなたはきっと感じたことでしょう。

## 連分数でさらに遊ぼう

$e^2$ の正則連分数は,

[7; 2, 1, 1, 3, 18, 5, 1, 1, 6, 30, 8, 1, 1, 9, 42, 11, 1, 1, …]

となって,若干気づきにくいかもしれませんが,規則性が見えます。

$$e^2 = 7 + \cfrac{1}{2 + \cfrac{1}{1 + \cfrac{1}{1 + \cfrac{1}{3 + \cfrac{1}{18 + \cdots}}}}}$$

ところで,以下のように最初の部分分子のみ2(後の部分分子はどれも1)とすると,規則性はもっとはっきりと見えるようになります。

$$e^2 = 7 + \cfrac{2}{\boxed{\phantom{XXXX}}}$$

さて,この形では,連分数はどうなりますか?

第2部 中世以降の軽い問題

$\dfrac{e^2+1}{e^2-1}=1+\dfrac{1}{3+A}$ とおくと，$e^2=7+2A$ なので，前問の結果を用いて，

$$e^2 = 7 + \cfrac{2}{5+\cfrac{1}{7+\cfrac{1}{9+\cfrac{1}{11+\cdots}}}}$$

# Q49
## ガウスの定理
### ──正17角形は定規とコンパスで作図できる

　ガウス（1777 – 1855）は，正17角形がコンパスと定規で作図可能であることを証明しました。ガウスが示したのは，単位円に内接する正17角形の1辺の長さが下記の値であることです。

$$\frac{1}{4}\sqrt{34-2\sqrt{17}-2\sqrt{34-2\sqrt{17}}-4\sqrt{17+3\sqrt{17}+\sqrt{170-26\sqrt{17}}-4\sqrt{34+2\sqrt{17}}}}$$

$$\cdots\cdots①$$

　$\sqrt{a}$ は，$a$ がどんな実数であっても（無理数であっても）作図可能です。それゆえ，①で「正17角形は定規とコンパスで作図できる」ことの証明は終わりです（まず $\sqrt{17}$ を作図し，次に $2\sqrt{17}$ を作図し，次に $34-2\sqrt{17}$，次に $\sqrt{34-2\sqrt{17}}$，…と作図していけばいいのです）。

　では，ここで問題です。

　$a$ の長さが与えられたとき，どのようにしたら $\sqrt{a}$ を作図できるでしょう？

★ガウスは，自分の墓石に正17角形を刻むようにと言い残しました。

第2部　中世以降の軽い問題　　95

# A49

　もしかしたらあなたは気づいたかもしれませんが,「1辺が1, もう1辺が $a$」である長方形を正方形化すればいいので, 24ページの方法で作図できます。

　同じ方法をここで繰り返すのでは芸がないので, 以下には, それとは別の作図方法を示します。

　$a+1$ の直線を直径とする円を描き, 下図のように垂線を加えます。

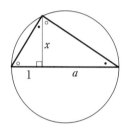

垂線で分けられた2つの3角形は相似で, $1 : x = x : a$
したがって, $x = \sqrt{a}$ です。

# Q50

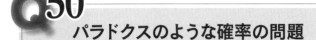

## パラドクスのような確率の問題

歪みのないサイコロ4つを同時に投げます。
6の目が何個でる確率がもっとも高い？

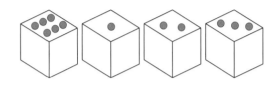

★1つのサイコロで6の目がでる確率は $\frac{1}{6}$ なので，サイコロ4個では，6の目がでる期待値は $\frac{1}{6} \times 4 = \frac{2}{3}$ です。そのため，本問の答えは直感的には「1個でる確率がもっとも高い」と思えるでしょう。でも，その直感はほんとうに正しいのでしょうか？

6 の目が 0 個の確率　$\left(\dfrac{5}{6}\right)^4 = \dfrac{625}{1296}$

6 の目が 1 個の確率　${}_4C_1 \left(\dfrac{1}{6}\right)\left(\dfrac{5}{6}\right)^3 = \dfrac{500}{1296}$

6 の目が 2 個の確率　${}_4C_2 \left(\dfrac{1}{6}\right)^2 \left(\dfrac{5}{6}\right)^2 = \dfrac{150}{1296}$

6 の目が 3 個の確率　${}_4C_3 \left(\dfrac{1}{6}\right)^3 \left(\dfrac{5}{6}\right) = \dfrac{20}{1296}$

6 の目が 4 個の確率　$\left(\dfrac{1}{6}\right)^4 = \dfrac{1}{1296}$

したがって，6 の目が 1 つもでない確率がもっとも高いのです。

◆まったくの基本問題ですが，パラドクスのような現象が面白いので，本書に収めました。

# Q51 古典問題風

(これはオリジナル問題ですが，難問ではないので，古い時代にどこかできっと出題されているでしょう。)

長さ1の鉄線（直線）上に，極小の虫（計算上は点として扱う）が2匹，それぞれランダムな位置にとまります。
このとき，2匹の虫の距離の期待値は？

★なお，「期待値」という概念を初めて使ったのはホイヘンス (Christiaan Huygens, 1629-1695) です。

# A51

　まず，直線が0から1で，1匹が$a$の位置で，もう1匹が0から1までの様々な位置のときの「2匹の距離の期待値」を求めます。

　2匹の距離を縦の長さで表わすと，下図となり，この面積（アミカケ部）を底辺の長さ1で割った値（つまり面積の値）が2匹の距離の平均値（兼期待値）です。

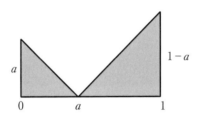

　つまり，$\dfrac{a^2}{2} + \dfrac{(1-a)^2}{2} = a^2 - a + \dfrac{1}{2}$

　$a$は0から1まで変わるので，以下の積分の値を底辺の長さ1で割った値（つまり積分の値）が答えです。

$$\int_0^1 \left(a^2 - a + \dfrac{1}{2}\right) da = \dfrac{1}{3}$$

第3部

# 古代の
## "ちょっと悩む"問題

さて，時代は再び古代に戻ります。

　以下，「ちょっと悩む」問題，人によっては手頃な難問，また人によっては恐ろしい難問，が並びます。また，ごくまれには，ほぼ万人にとっての超絶難問もあります。

　どの問題も，たっぷり時間をかけて考えて楽しんでください。すぐ諦めて答えを見るのではもったいなさすぎますから。

# Q52 三日月形の正方形化（前5世紀頃）

キオスのヒポクラテスは，「ある種の三日月形は正方形化できる」ことを示しました。
（三日月形とは2つの円弧で囲む平面図形。正方形化できるとは，同じ面積の正方形を作図できる，の意です。）

あなたはこれを示すことができますか？

★なお，キオスのヒポクラテスは，コスの医者ヒポクラテスとは別人です。キオスもコスも島の名前です。

第3部 古代の"ちょっと悩む"問題

# A52

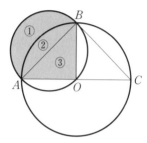

　$AB$ の長さを $2a$ とすると，$AB$ を直径とする半円（① + ②）の面積は，$\frac{1}{2}\pi a^2$

　直角 2 等辺 3 角形 $ABC$ の $AC$ を直径とする半円の半分（② + ③）の面積は，円の半径が $\sqrt{2}a$ なので，$\frac{1}{2}\pi a^2$

　したがって，外側にある三日月形（①）と△$ABO$（③）の面積は同じです。

　3 角形は正方形化できる（24 ページ）ので，「ある種の三日月形は正方形化できる」といえます。

# Q53
## アルキメデスの正7角形の作図・その1《超絶難問》

（本問は，超絶難問を解くための準備です）

アルキメデスは正7角形の作図方法を示しました。その方法に進む前に，準備用の問題をおきます。

下図のように，単位正方形の頂点 $F$ から直線 $FD$ を引いて，正方形の中のアミカケ部分と外のアミカケ部分の面積が等しくなるようにします。

このとき $x$ は，どんな3次方程式をみたしますか？

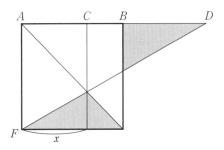

★番外問題《超絶難問》

さて，アルキメデスが上記の図を使って示した正7角形の作図方法は？

（この方法を思いつけるのは，アルキメデスと肩を並べることができる大天才だけでしょう。次問の冒頭に作図方法が書いてあります——その方法でOKであることを証明するのが次問です。自力で作図方法を発見したい人はページをめくらず，いま考えましょう。）

# A53

値を順に書き込んでいくと，下図のようになります。

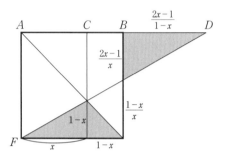

アミカケ部分の面積が等しいので，

$$\frac{1}{2}(1-x) = \frac{1}{2} \cdot \frac{2x-1}{1-x} \cdot \frac{2x-1}{x}$$

$$x(1-x)^2 = (2x-1)^2$$

$$x^3 - 6x^2 + 5x - 1 = 0 \quad \text{[これが答え]}$$

この根3つのうち，求める値は，$\frac{1}{2} < x < 1$ のもので，近似値は約 0.6431 [厳密解はとても複雑な形になります]。

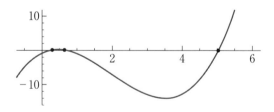

なお，他の根の近似値は，約 0.308 と約 5.05 です。

# Q54 アルキメデスの正7角形の作図・その2

前問の作図で，$AB \cdot AC = BD^2$ がみたされています。また，$CD \cdot CB = AC^2$ もみたされています（計算して確認してみてください）。

さて，これを使ってアルキメデスは，正7角形の作図方法を以下のように示しました。

4点 $ACBD$ の位置はそのままで，下図のように点 $E$ を，$EC = AC$ となるように，かつ，$EB = BD$ となるようにとります。すると $AE$ は，「△$AED$ に外接する円」に内接する正7角形の1辺です。

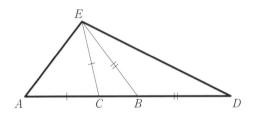

さて，あなたはこれを証明できますか？

★作図方法が示されたあととはいえ，証明できるなら，あなたは天才でしょう。少なくとも1週間は考えてみましょう。

# A54

　△$AED$ の外接円を描きます。$EB$ を延長して，円との交点を $F$ とします。$EC$ を延長して $AF$ との交点を $G$ とします。$AD$ と平行に，$E$ から線を引き円との交点を $H$ とします。

　∠$DEF$ の角度を・，∠$AEC$ の角度を。と表わすと，順にいろいろな角度が以下のように書き込めます。

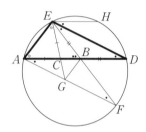

$CD \cdot CB = AC^2$ より，$\dfrac{CD}{AC} = \dfrac{AC}{CB}$

$AC = EC$ より，$\dfrac{CD}{EC} = \dfrac{EC}{CB}$

ゆえに△$BCE$ と△$ECD$ は相似で，∠$CEB$ = ・

　∠$GAB$ = ∠$GEB$ なので4角形 $AEBG$ は円に内接します。ゆえに ∠$AEG$ = ∠$ABG$ = 。

　弦 $AG$ の円周角 $ABG$ と弦 $EB$ の円周角 $BAE$ が等しいので，$AG = EB$

　$AB \cdot AC = BD^2$ なので，$\dfrac{AB}{BD} = \dfrac{BD}{AC}$

　$BD = EB = AG$，$AC = EC$ なので，$\dfrac{AB}{AG} = \dfrac{EB}{EC}$

　ゆえに△$GAB$ と△$CEB$ は相似。したがって，。= ・・

　△$AED$ の内角の和は。・・・・，つまり・7つなので，・= $\dfrac{180°}{7}$

　∠$AEH$ = 。・・・= ・5つ = $180° \times \dfrac{5}{7}$

　これは確かに正7角形の内角の値です。

# $\sqrt{2}$ の近似値, 再び

35 ページ (Q17) の方法で $\sqrt{2}$ の近似値は容易に得られるので, 実用的にはそれで十分なことは多かったでしょう。

でも, もっと精密な値がほしいとき (で, 自力でその値を計算するしかないとき) は, その方法では時間がかかりすぎてしまいます (値の収束が遅すぎるので)。

計算に使った恒等式 $(-2(x+y)^2+(2x+y)^2=2x^2-y^2)$ を別のものに替えるだけで, より少ない計算ではるかに精密な近似値が得られます。

さて, どのように工夫したらいいのでしょう？

# A55

　もっとも単純な，それでいて効果的な工夫は，以下のものでしょう。

　$x^2 - 2y^2 = 1$（つまり，$\dfrac{x^2}{y^2} - \dfrac{1}{y^2} = 2$）であるとき，$y$ が大きな値なら，$\dfrac{x}{y} \fallingdotseq \sqrt{2}$ なので，これを以下のように変形します。

$$1 = x^2 - 2y^2 = (x - y\sqrt{2})(x + y\sqrt{2})$$
$$1 = 1^2 = (x - y\sqrt{2})^2 (x + y\sqrt{2})^2$$
$$= (x^2 + 2y^2 - 2xy\sqrt{2})(x^2 + 2y^2 + 2xy\sqrt{2})$$
$$= (x^2 + 2y^2)^2 - 2(2xy)^2$$

　したがって，$(m,\ n)$ が $x^2 - 2y^2 = 1$ の解なら，$(m^2 + 2n^2,\ 2mn)$ も解。

　$m = 3$，$n = 2$ は $x^2 - 2y^2 = 1$ をみたすので，これから始め，

解（3，2）から，解（$3^2 + 2 \cdot 2^2$，$2 \cdot 3 \cdot 2$）＝（17，12）が得られ，

解（17，12）から，解（577，408）が得られ，

解（577，408）から，解（665857，470832）が得られ，

解（665857，470832）から，解（886731088897，627013566048）が得られます。


《参考値》

$\dfrac{886731088897}{627013566048} = 1.41421356237309504880168\cdots$

$$\sqrt{2} = 1.41421356237309504880168 87\cdots$$

# Q56 アリスタルコスの不等式・その2 (前260年頃)

アリスタルコス (前310 – 前230頃) は，下図 $x$ (つまり，$\sin 3°$) の値が，

$$\frac{1}{20} < x < \frac{1}{18}$$

であることを示しました。

左側の不等式の部分は Q21 で扱いました。

ここでは $x < \dfrac{1}{18}$ の部分を導いてみましょう——$\sin 3°$ の値を直接求めずに，三角関数のない時代のアリスタルコスのように，比の計算をするだけで。

# A56

下図において，$a:b=c:d$ です。角の2等分の場合に見られるこの関係を，以下で使います。

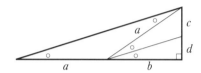

$α$ が小さな角度として，$α$ が2倍，3倍となっていくとき，tan の値は2倍，3倍よりも大きな値となります。つまり，

$$\frac{15}{2}\tan 3° < \tan \frac{45°}{2}$$
$$\therefore \quad \tan 3° < \frac{2}{15}\tan\frac{45°}{2} \quad \cdots\cdots ①$$

さて，下図でそれぞれの角度を以下のとおりとします。
$\angle BAE=45°$，$\angle CAE=\dfrac{45°}{2}$，$\angle DAE=3°$

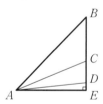

$AB^2:AE^2=2:1>49:25$

$AB:AE>7:5$

$BC:CE=AB:AE>7:5$

$BE:CE>12:5=36:15$

これと①より，

$$BE:DE>36:15\times\frac{2}{15}=18:1$$

$AD>AE=RE$ より，$AD:DE>18:1$
したがって，$x=\dfrac{DE}{AD}<\dfrac{1}{18}$

# Q57 ディオクレスのシソイド（前180年頃）

放物線 $y^2 = -4ax$ の頂点から，放物線の接線に引いた垂線の足の軌跡は，「ディオクレスのシソイド」とよばれる曲線を描きます。

さて，この軌跡の方程式は？

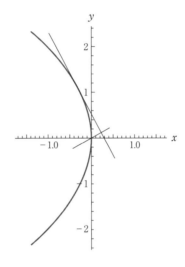

---

* Diocles（前240頃–前180頃）

放物線上の点 $(x_0, y_0)$ における接線の方程式は,
$$yy_0 = -2a(x+x_0)$$
これに垂直で, 原点を通る直線の方程式は,
$$y = \frac{y_0}{2a}x$$
$(x_0, y_0)$ は $y^2 = -4ax$ 上の点なので,
$$y_0^2 = -4ax_0$$
これら3式から $x_0$, $y_0$ を消去して, $y^2 = \dfrac{x^3}{a-x}$

◆ $a=1$ の場合の図は以下のようになります。

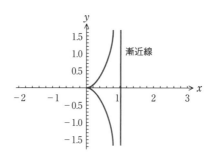

## ヘロンの公式

3角形の3辺の長さが $a, b, c$ であるとき，その3角形の面積 $S$ は，

$$S = \sqrt{s(s-a)(s-b)(s-c)}$$

ただし，$s = \dfrac{a+b+c}{2}$

これは言わずと知れたヘロンの公式です。学校でヘロンの公式を学んだとき，ほとんどの子どもは，「$s = \dfrac{a+b+c}{2}$ って何？ このようにおくと，式がすっきりと見えるから，それで，そうおいているのかな？」などのように思ったことでしょう。

さて，下図を見てください。

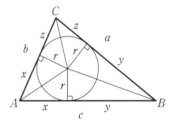

このように図を描くと，

$s = x + y + z$
$s - a = x$
$s - b = y$
$s - c = z$

なのですね。つまり，3角形の面積は，$\sqrt{xyz(x+y+z)}$ です。

これがわかると，ヘロンの公式をエレガントに導くことができます。

では，すっきりとエレガントに導いてみましょう。

# A58

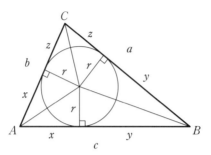

$\theta$ の値にかかわらず，$\tan\theta \cdot \tan(90° - \theta) = 1$ なので，これを使います。

$\theta = \dfrac{1}{2}\angle A$ と代入し，

$$1 = \tan\left(\dfrac{1}{2}\angle A\right) \cdot \tan\left(90° - \dfrac{1}{2}\angle A\right)$$

$\dfrac{1}{2}(\angle A + \angle B + \angle C) = 90°$ なので，

$$= \tan\left(\dfrac{1}{2}\angle A\right) \cdot \tan\left(\dfrac{1}{2}(\angle B + \angle C)\right)$$

$\tan(\alpha + \beta) = \dfrac{\tan\alpha + \tan\beta}{1 - \tan\alpha\tan\beta}$ と上図の値を使い，

$$1 = \dfrac{r}{x} \cdot \dfrac{\dfrac{r}{y} + \dfrac{r}{z}}{1 - \dfrac{r}{y}\dfrac{r}{z}}$$

これを整理して，

$$xyz = (x + y + z)r^2 = sr^2$$
$$S = rs = \sqrt{s(sr^2)} = \sqrt{sxyz} = \sqrt{s(s-a)(s-b)(s-c)}$$

## ヘロンの難問

「周の長さが $p$ である3角形のなかで,面積が最大であるのは正3角形である」

あなたはこれを証明できますか？

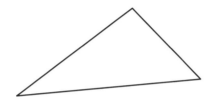

面積はヘロンの公式より，$\sqrt{s(s-a)(s-b)(s-c)}$

（ただし，$s=\dfrac{1}{2}(a+b+c)=\dfrac{p}{2}$）

$s-a=\dfrac{a+b+c}{2}-a=\dfrac{-a+b+c}{2}>0$ （なぜなら，3角形の2辺の和は，残りの1辺よりも大きいから）

同様に，$s-b>0$, $s-c>0$

したがって，相加相乗平均の不等式が使えて，

$$\{(s-a)(s-b)(s-c)\}^{\frac{1}{3}} \leqq \dfrac{(s-a)+(s-b)+(s-c)}{3}=\dfrac{s}{3}=\dfrac{p}{6}$$

等号が成り立つのは，$s-a=s-b=s-c$（つまり，$a=b=c$）のときのみ。

ゆえに正3角形のときに面積は最大となります。

なお，このときの面積は，$\sqrt{\dfrac{p}{2}\cdot\left(\dfrac{p}{6}\right)^3}=\dfrac{p^2}{12\sqrt{3}}$

# Q60 ヘロンの面積の近似値・その2

1辺が $a$ の正9角形の面積の近似値として,ヘロンは $\frac{51}{8}a^2$ を示しました。が,これは十分正確な値ではありません。

面積の近似値を $\frac{n}{m}a^2$ ($n$ は整数,$m$ は1ケタの整数)で表わす場合,より正確な近似値はどんな値になるでしょう?

ニュートンの解の近似値の求め方(Q40参照)を利用して解いてみましょう。

第3部 古代の"ちょっと悩む"問題

まず，sin20°の概算値を求めてみましょう。

$\sin 3\alpha = 3\sin\alpha - 4\sin^3\alpha$ より，$\alpha = 20°$，$x = \sin\alpha$ とおくと，

$$\frac{\sqrt{3}}{2} = 3x - 4x^3$$

$f(x) = 4x^3 - 3x + \frac{\sqrt{3}}{2}$ とおくと，$f'(x) = 12x^2 - 3$ で，以下，ニュートンの近似値の求め方(Q40)を使います。

本問では，解の近似値を $x$ とすると，次の近似値は $\dfrac{8x^3 - \frac{\sqrt{3}}{2}}{12x^2 - 3}$

$f(0.3) \fallingdotseq 0.074$ なので $x_1 = 0.3$ とすると，$x_2 \fallingdotseq 0.34$，$x_3 \fallingdotseq 0.342$，$x_4 \fallingdotseq 0.342020$

したがって，$\sin 20° \fallingdotseq 0.342020$

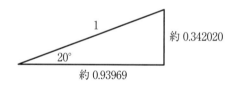

ゆえに，正9角形の面積はおよそ，

$$\frac{a^2}{4} \cdot 9 \cdot \frac{0.93969}{0.342020} \fallingdotseq 6.1818 a^2$$

したがって，$\dfrac{37}{6}a^2$ となります［分母が1ケタではなくなりますが，より正確には $\dfrac{68}{11}a^2$］。

なお，$6.2a^2$ と考えると，$\dfrac{31}{5}a^2$ となり，これでも悪くない近似値ですね。

◆参考として，巻末196ページに補足をおきます。

# Q61 ディオパントスの問題・その2

以下の問題では，答えは無数にあります。そのうちの1つを求めれ
ばOKです。

なお，ディオパントスの問題における「平方数」とは，有理数の2
乗の値である数のことです。たとえば，$\left(\dfrac{11}{17}\right)^2$ は平方数で，$(\sqrt{6})^2$ は
平方数ではありません。

$a^2+b$ も $a+b^2$ も平方数であるような $a$, $b$ を求めよ。
（『算術』巻Ⅱ，問題20）

# A61

一方を $s$, もう一方を $2s+1$ とおくと,

$$s^2 + (2s+1) = (s+1)^2 \quad [\text{と平方数になっている}]$$

$$s + (2s+1)^2 = 4s^2 + 5s + 1$$

これが $2s-2$ の平方であるとすると,

$$4s^2 + 5s + 1 = 4s^2 - 8s + 4$$

$$\therefore \quad s = \frac{3}{13}$$

したがって, 解の1つは, $a = \dfrac{3}{13}$, $b = 2s+1 = \dfrac{19}{13}$

# Q62

## ディオパントスの問題・その3《超難問》

$ab+12$, $bc+12$, $ac+12$ のそれぞれが平方数であるような，相異なる数 $a$, $b$, $c$ を求めよ。

（『算術』巻Ⅲ，問題10）

［謎めいた形でのヒントがページ下にあります。］

$$\left[\text{ヒント}：\frac{1}{4}+12=\frac{49}{4}=\left(\frac{7}{2}\right)^2\right]$$

第3部 古代の"ちょっと悩む"問題 　123

# A62

$4+12=16=4^2$, $\dfrac{1}{4}+12=\dfrac{49}{4}=\left(\dfrac{7}{2}\right)^2$ なので，4 と $\dfrac{1}{4}$ を使い，

$a=4s$, $b=\dfrac{1}{s}$, $c=\dfrac{1}{4}s$ とおく。すると，

$ab+12=4^2$, $bc+12=\left(\dfrac{7}{2}\right)^2$ なので，$ac+12=s^2+12$ が平方数になれ

ばよい。

これが $s+1$ の平方であるとすると，$(s+1)^2=s^2+2s+1=s^2+12$

∴ $s=\dfrac{11}{2}$

ゆえに解の 1 つは，$a=22$, $b=\dfrac{2}{11}$, $c=\dfrac{11}{8}$

# Q63

## ディオパントスの問題・その4

　直角3角形の3辺の長さを $a$, $b$, $c$ とする（$c$ は斜辺）。$c-a$, $c-b$ のいずれもが立方数となるような $a$, $b$, $c$ を求めよ。

（『算術』巻VI，問題1）

★あることに気づけば簡単に解けますが，さもないと数日考えても解けないかもしれません。

第3部　古代の"ちょっと悩む"問題　125

# A63

$a = p^2 - q^2$, $b = 2pq$, $c = p^2 + q^2$ で直角3角形となる。

$c - a = 2q^2$　これが立方数となるためには，$q = 2$ でよい。

$$c - b = p^2 - 4p + 4 = (p-2)^2$$

　したがって，$p-2$ が立方数であればよくて，$p = 10$ はそれをみたす。

　ゆえに，解の1つは，$a = 96$, $b = 40$, $c = 104$

# Q64
## ディオパントスの問題・その5《超難問》

等比数列をなす3つの数のそれぞれから12を引いたものが，どれも平方数になるようにせよ。

《表現を変えると以下のとおり》

$a-12$，$ab-12$，$ab^2-12$ がそれぞれ平方数となるような $a$, $b$ を求めよ。

(『算術』巻V，問題1)

# A64

まず，$c^2 - 12 = d^2$ となる $c$ を1つ求めます。

$(c+d)(c-d) = 12$ なので，$c+d = 12$，$c-d = 1$ であればよくて，$c = \dfrac{13}{2}$ はこれをみたします。

$c^2 = \dfrac{169}{4}$ を初項 $a$，公比 $b = \dfrac{2}{13}s$ として，$ab = \dfrac{13}{2}s$，$ab^2 = s^2$

$s^2 - 12 = t^2$，$\dfrac{13}{2}s - 12 = u^2$ とおくと，

$$t^2 - u^2 = s^2 - \dfrac{13}{2}s = s\left(s - \dfrac{13}{2}\right) = (t+u)(t-u)$$

$s = t+u$，$s - \dfrac{13}{2} = t - u$ とすると，2式の差より，$u = \dfrac{13}{4}$

$\dfrac{13}{2}s - 12 = \left(\dfrac{13}{4}\right)^2$ より，$s = \dfrac{361}{104}$ で，これは与えられた条件をみたします。

したがって，解の1つは，$a = \dfrac{169}{4}$，$b = \dfrac{2}{13} \cdot \dfrac{361}{104} = \dfrac{361}{676}$

# Q65 プロクロスの問題

「(平面上の) 3角形の各頂点から向い側の対辺に引いた3つの垂線は1点で交わる」

あなたはこれを証明できますか？

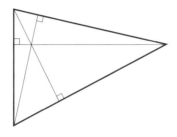

(ほとんどの人は，この定理を知識として知っていますね。でも，証明できる人は，大人では数％ほどかもしれません。もしも2.3％ほどなら，偏差値70の問題ということになります——もしも数学の能力の分布が正規分布の形をしているならば，ですが。)

★ちなみに，この3垂線の定理は，アルキメデスの著作中に暗黙のうちに存在しています（が，証明は公表されていません）。

＊プロクロス (Proclos, 412 – 485)

# A65

3角形を回転・平行移動することで，1つの頂点を $y$ 軸上におき，他の2頂点を $x$ 軸上において下図となります。

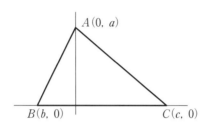

$AC$ の傾きは $-\dfrac{a}{c}$ で，これへの垂線の傾きは $\dfrac{c}{a}$ なので，$B$ から $AC$ への垂線の方程式は，$y = \dfrac{c}{a}(x-b)$

これが $y$ 軸（$A$ から $BC$ への垂線）と交わる点の座標は，$x=0$ を代入することで得られて，$\left(0,\ -\dfrac{bc}{a}\right)$

$C$ から $AB$ への垂線の方程式は［上の方程式の $b$ と $c$ を互いに入れ替えて］

$$y = \dfrac{b}{a}(x-c)$$

これが $y$ 軸と交わる点の座標は，$\left(0,\ -\dfrac{bc}{a}\right)$

したがって，3つの垂線は1点で交わります。

第 4 部

# 中世以降の
# "ちょっと悩む"問題

以下、中世以降のそうそうたる「楽しい」難問が並びます。

　まず冒頭は、レギオモンタヌスの超有名な難問——これは15世紀を代表する難問といえるでしょう。

# Q66 レギオモンタヌスの問題（1471年）

下図（壁の真横から見た図）のように，壁に絵画が掛けられています．壁から $x$ 離れたところに人がいて，目の高さは $h$ です（$h < a$）．
$\theta$ を最大にする $x$ の値は？

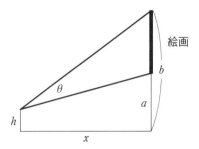

★微積分のない時代の問題です．微分を使わずに解いてみましょう．ただし，それでは解くのが難しすぎるのなら，微分を使ってもかまいません．

なお，本問は上記の形で広く知られていますが，レギオモンタヌスのもともとの問題では，見る対象は絵画ではなく垂直に支えられた棒です．

# A66

$\tan\theta$ が最大となる $x$ を求めればいいので，それを求めます．

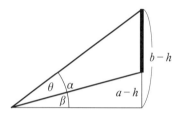

上図のように，見上げる角度を $\alpha$ とすると，
$$\tan\theta = \tan(\alpha - \beta) = \frac{\tan\alpha - \tan\beta}{1 + \tan\alpha \tan\beta}$$
$$= \frac{(b-a)x}{x^2 + (b-h)(a-h)}$$

$$\frac{1}{\tan\theta} = \frac{x}{b-a} + \frac{(a-h)(b-h)}{x(b-a)}$$

相加相乗平均より，

$$\frac{1}{\tan\theta} \geqq 2\sqrt{\frac{x}{b-a}\frac{(a-h)(b-h)}{x(b-a)}} = \frac{2}{b-a}\sqrt{(a-h)(b-h)}$$

$\dfrac{1}{\tan\theta}$ が最小となるのは（つまり $\tan\theta$ が最大となるのは），

$\dfrac{x}{b-a} = \dfrac{(a-h)(b-h)}{x(b-a)}$ のとき．

すなわち，$x = \sqrt{(a-h)(b-h)}$ のとき．

# Q67 カルダーノの歯車問題（16世紀）

半径 $r$ の円盤が，半径 $2r$ の円の内側に沿って（接して）転がっていきます。円盤上の点 $D$ が描く軌跡は？

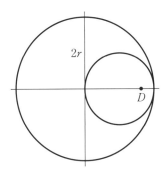

＊カルダーノ（Gerolamo Cardano, 1501 – 1576）

左下図のように，接点 $P$ から $a$ 離れたところに点 $D$ があるものとします。

右下図は，円が回転して接点の位置が $Q$ のところになったときの図です。

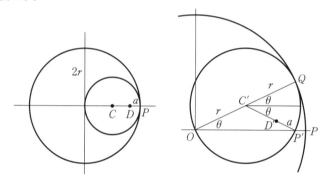

小円の中心は回転により $C'$ のところに移動。大円の弧 $QP$ の長さと小円の弧 $QP'$ の長さは等しいので，小円の回転により $P$ の点（の痕跡）は $P'$ に移動したことになります。そして，$D$ は上図の $D'$ の位置に移動。

$D'$ の座標 $(x, y)$ は，

$y = a\sin\theta$

$x = 2r\cos\theta - a\cos\theta = (2r-a)\cos\theta$

これらから $\theta$ を消去して，

$$\frac{x^2}{(2r-a)^2} + \frac{y^2}{a^2} = 1$$

これは楕円です。

なお，$a=0$ のとき（$D$ が円盤の縁にあるとき）は，$y=0$，$x=2r\cos\theta$ なので，$D$ は $x$ 軸上を，$-2r \leqq x \leqq 2r$ の範囲で直線運動します。

# Q68 タンジェントの和の超難問？

$\alpha$, $\beta$, $\gamma$ が鋭角3角形（どの角も 90°未満）の3つの角であるとき，

$\tan\alpha + \tan\beta + \tan\gamma$ の最小値は？

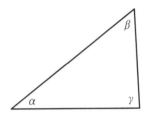

★これは「どのように解いたらいいかがまったく見当がつかない問題」に見えるかもしれませんね。でも，じつは本書中にすでにヒントが2つおいてあるのです。——これで，思いだしましたか？

第4部　中世以降の"ちょっと悩む"問題　137

# A68

$\alpha$, $\beta$, $\gamma$は鋭角3角形の3つの角なので，$\tan \alpha$，$\tan \beta$，$\tan \gamma$はどれも正の値。したがって，相加相乗平均の不等式（27ページ）が使えて，

$$\tan \alpha + \tan \beta + \tan \gamma \geqq 3(\tan \alpha \tan \beta \tan \gamma)^{\frac{1}{3}}$$

また，75ページより，

$$\tan \alpha + \tan \beta + \tan \gamma = \tan \alpha \tan \beta \tan \gamma$$

$$\therefore \quad (\tan \alpha \tan \beta \tan \gamma)^3 \geqq 27(\tan \alpha \tan \beta \tan \gamma)$$

$$\tan \alpha \tan \beta \tan \gamma \geqq \sqrt{27} \geqq 3\sqrt{3}$$

（等号が成り立つのは，$\alpha = \beta = \gamma$ のとき）

# Q69
## コサインの和の美しい問題《かなりの難問？》

$$\cos\frac{\pi}{n} + \cos\frac{2\pi}{n} + \cos\frac{3\pi}{n} + \cdots + \cos\frac{n\pi}{n} \quad (n \text{ は自然数})$$

この和の値は？

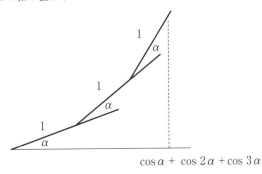

★式変形で解こうとすると，かなりてこずるかもしれません。

$X = \cos\alpha + \cos 2\alpha + \cos 3\alpha + \cdots + \cos n\alpha$  とおきます。

下図で，$O$ は $P_0$ から $P_n$ のすべての点を通る円の中心です。

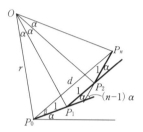

上図より，$\beta = \dfrac{1}{2}(n-1)\alpha$，$\alpha + \beta = \dfrac{1}{2}(n+1)\alpha$

2等辺3角形 $P_0OP_n$ より，$d = 2r\sin\dfrac{n\alpha}{2}$

2等辺3角形 $P_0OP_1$ より，$1 = 2r\sin\dfrac{\alpha}{2}$

これらから $r$ を消去して，$d = \dfrac{\sin\dfrac{n\alpha}{2}}{\sin\dfrac{\alpha}{2}}$

$$X = d\cos(\alpha + \beta) = \cos\left(\dfrac{1}{2}(n+1)\alpha\right) \cdot \dfrac{\sin\dfrac{n\alpha}{2}}{\sin\dfrac{\alpha}{2}}$$

$\alpha = \dfrac{\pi}{n}$ の場合，$\alpha = \dfrac{\pi}{n}$ を代入して，

$$X = \dfrac{\cos\left(\dfrac{\pi}{2} + \dfrac{\pi}{2n}\right)}{\sin\left(\dfrac{\pi}{2n}\right)} = -1$$

《補足》$O$ のところの角度が $\alpha$ であることがわからない人のための図

# Q70

$$\int_0^{\frac{\pi}{2}} \cos^n(x)\, dx$$

(パズルとしてとても面白い問題)

$n$ が正の偶数のとき,以下の等式が成り立つことを証明せよ.

$$\int_0^{\frac{\pi}{2}} \cos^n(x)\, dx = \frac{n-1}{n} \cdot \frac{n-3}{n-2} \cdot \cdots \cdot \frac{1}{2} \cdot \frac{\pi}{2}$$

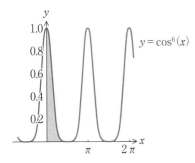

[補足] $x$ が $0$ から $\frac{\pi}{2}$ までの形は $\sin x$ と $\cos x$ で同じ(左右対称なだけ)なので,当然ながら,

$$\int_0^{\frac{\pi}{2}} \sin^n(x)\, dx = \int_0^{\frac{\pi}{2}} \cos^n(x)\, dx$$

です.

[ポイント] 部分積分を2回行なうと，
$$\int_0^{\frac{\pi}{2}} \cos^n(x)\,dx = \frac{n-1}{n}\int_0^{\frac{\pi}{2}} \cos^{n-2}(x)\,dx$$
が導けます。これでほとんど終わりです。

求める値を $I_n$ とすると，$n \geqq 2$ のとき，
$$I_n = \int_0^{\frac{\pi}{2}} \cos^{n-1}x (\sin x)'\,dx$$
$$= \left[\cos^{n-1}x \sin x\right]_0^{\frac{\pi}{2}} - \int_0^{\frac{\pi}{2}} (\cos^{n-1}x)' \sin x\,dx$$
$(\cos^{n-1}x)' \sin x = -(n-1)\cos^{n-2}x \sin^2 x = -(n-1)(1-\cos^2 x)\cos^{n-2}x$
なので，
$$I_n = (n-1)\int_0^{\frac{\pi}{2}} (\cos^{n-2}x - \cos^n x)\,dx = (n-1)(I_{n-2} - I_n)$$
$$\therefore \quad I_n = \frac{n-1}{n} \times I_{n-2}$$
$I_0 = \int_0^{\frac{\pi}{2}} dx = \frac{\pi}{2}$ なので，
$$I_2 = \frac{1}{2} \cdot \frac{\pi}{2}, \quad I_4 = \frac{3}{4} \cdot \frac{1}{2} \cdot \frac{\pi}{2}$$
以下同様で，
$$\int_0^{\frac{\pi}{2}} \cos^n(x)\,dx = \frac{n-1}{n} \cdot \frac{n-3}{n-2} \cdot \cdots \cdot \frac{1}{2} \cdot \frac{\pi}{2}$$

［追記］

$I_1 = \int_0^{\frac{\pi}{2}} \cos x\,dx = \left[\sin x\right]_0^{\frac{\pi}{2}} = 1$ なので，$n$ が奇数のときは，
$$\int_0^{\frac{\pi}{2}} \cos^n(x)\,dx = \frac{n-1}{n} \cdot \frac{n-3}{n-2} \cdot \cdots \cdot \frac{2}{3}$$
と，$\pi$ の入っていない値になります。

# Q71 逆関数を求める

　ニュートンは，arcsin$x$ を無限級数展開したあと，その逆関数を求める方法で，sin$x$ の無限級数展開を導きました。

　ニュートンが行なった逆関数を求める方法を，次の単純な級数を使って追体験してみましょう。

$$z = x - 2x^2 + 4x^2 - 8x^4 + \cdots$$

この式から，$x$ についての無限級数を求めます。

　まず，右辺の2項目以下を切り捨てると，近似的に $x = z$ となります。

　正確には $x = z + p$ なので，これをもとの式に代入し，

$$z = (z+p) - 2(z+p)^2 + 4(z+p)^2 - 8(z+p)^4 + \cdots$$

さて，以下を続けると，どうなるでしょう？

第4部　中世以降の"ちょっと悩む"問題　　143

前ページに続けて，
$$z = (z - 2z^2 + 4z^3 - 8z^4 + \cdots) + p(1 - 4z + 12z^2 - 32z^3 + \cdots) +$$
$$p^2(-2 + 12z - 48z^2 + 160z^3 + \cdots) + p^3(4 - 32z + 160z^2 - \cdots) \quad \cdots\cdots ①$$

$p$ の近似値を求めるために，$p^2$ 以上の項を切り捨てて，
$$p \fallingdotseq \frac{2z^2 - 4z^3 + 8z^4 + \cdots}{1 - 4z + 12z^2 - 32z^3 + \cdots}$$

分母と分子それぞれ，最低次の項以外を切り捨てると，$p$ は近似的に $\dfrac{2z^2}{1}$

したがって，$x \fallingdotseq z + 2z^2$

正確には $x = z + 2z^2 + q$ なので，$p = 2z^2 + q$ を①に代入し……と，あとは同様に計算をずっと続けるだけで，結局，
$$x = z + 2z^2 + 4z^3 + 8z^4 + 16z^5 + \cdots$$
が得られます。

これがニュートンが行なった逆関数を求める方法です。

【付記】

もっとも，今回使った例は単純な無限級数なので，もっと単純に答えは得られます。(本題とは離れますが) それを付記しておきます。

もとの無限級数は，初項 $x$，公比 $-2x$ の数列の和なので，$z = \dfrac{x}{1 + 2x}$ です。これを書き換えると，$x = \dfrac{z}{1 - 2z}$ で，$z \div (1 - 2z)$ の割り算を計算すると，
$$x = z + 2z^2 + 4z^3 + 8z^4 + 16z^5 + \cdots$$
が得られます。

# Q72
## ニュートンによる $\sin z$ の無限級数展開（1669 年）

ニュートンはまず，arcsin$x$ を，以下のように無限級数展開しました。

$x = \sin z$ とおきます（つまり，arcsin$x = z$）。

両辺を $x$ で微分して，

$$1 = \cos z \cdot \frac{dz}{dx}$$

$$\frac{dz}{dx} = \frac{1}{\cos z} = (1 - x^2)^{-\frac{1}{2}}$$

右辺を 2 項定理で展開して，

$$= 1 + \frac{1}{2} x^2 + \frac{3}{8} x^4 + \frac{5}{16} x^6 + \frac{35}{128} x^8 + \cdots$$

両辺を積分して，

$$\text{arcsin}\, x = x + \frac{1}{6} x^3 + \frac{3}{40} x^5 + \frac{5}{112} x^7 + \frac{35}{1152} x^9 + \cdots$$

（arcsin$0 = 0$ なので，右辺に定数項はありません。）

このあとニュートンは，逆関数を求める方法（前問参照）を使って，$\sin z$ を無限級数で表わしました。

あなたは，ニュートンと同じように計算して，逆関数を求められますか？

第 4 部　中世以降の "ちょっと悩む" 問題　145

前ページより,
$$z = x + \frac{1}{6}x^3 + \frac{3}{40}x^5 + \frac{5}{112}x^7 + \cdots$$
これより,近似的に $x=z$ で,正確には,$x = z + p$

これを上式に代入して,2ページ前と同じように,$p^2$ 以降の項を切り捨てて,
$$p \fallingdotseq \frac{-\frac{1}{6}z^3 - \frac{3}{40}z^5 - \frac{5}{112}z^7 - \cdots}{1 + \frac{1}{2}z^2 + \frac{3}{8}z^4 + \frac{5}{16}z^6 + \cdots}$$

ゆえに,分母と分子それぞれ,最低次の項以外を切り捨てて,近似的に,$p = \dfrac{-\frac{1}{6}z^3}{1} = -\dfrac{1}{6}z^3$

この時点で,級数は,$x = z - \dfrac{1}{6}z^3$

次に $p = -\dfrac{1}{6}z^3 + q$ とおいて計算を行なうと結局,
$$q \fallingdotseq \frac{\frac{1}{120}z^5 + \frac{1}{56}z^7 - \frac{1}{72}z^9 + \cdots}{1 + \frac{1}{2}z^2 + \frac{3}{8}z^4 + \cdots}$$

ゆえに,近似的に,$q = \dfrac{1}{120}z^5$

この時点で級数は $x = z - \dfrac{1}{6}z^3 + \dfrac{1}{120}z^5$ となります。

これを続けて,
$$x = \sin z = z - \frac{1}{6}z^3 + \frac{1}{120}z^5 - \frac{1}{5040}z^7 + \frac{1}{362880}z^9 - \cdots$$
$$= z - \frac{1}{3!}z^3 + \frac{1}{5!}z^5 - \frac{1}{7!}z^7 + \frac{1}{9!}z^9 - \cdots$$

◆ちなみに,$\cos z$ の無限級数は,上記の式を $z$ で微分して,
$$\cos z = 1 - \frac{1}{2!}z^2 + \frac{1}{4!}z^4 - \frac{1}{6!}z^6 + \cdots$$
なお,巻末 197 ページに追記があります。

# Q73 アブラハム・バル・ヒーヤの問題（12世紀）

（時代はさかのぼりますが，都合によりここで出題）

半径33の円において，長さ5.5の弧を切り取るような弦の長さを求めよ。

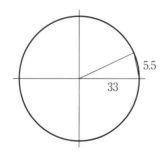

（注意：これは正確な図ではありません――正確に描こうとすると，弧と弦がほとんど重なってしまうのでこのような図にしています。）

ヒーヤは直径28の円における，弦と弧の長さの対応表を作って，それを使っていました。

本書ではそれを使わずに答えの概算値を求めてみましょう。

＊アブラハム・バル・ヒーヤ（1136年没）はバルセロナ出身で，1116年に『計測と計算について』を著しました。

# A73

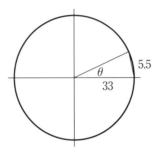

$$\theta = \frac{5.5}{33} = \frac{1}{6}$$

したがって，求める弦の長さは，$2 \times 33 \sin \frac{1}{12}$

これは146ページ下から5行目の $\sin z = \sim$ の式を用いて計算すると，約 5.4936

($z^5$ の項までだけの計算で 5.493636469… と，小数点以下9ケタまで正しい値が得られます。$z^7$ の項まででは 5.4936364692204… と，小数点以下13ケタまで正しい値です。)

# Q74 半立方放物線の弧長

17世紀にはいろいろな曲線の長さが求められました。その最初はウィリアム・ニール（W. Neil, 1637–1670）によるもので，彼は $y^2=x^3$ の弧長の計算を行ないました（1657年）。

さて，$x$ が 0 から 1 までの $y^2=x^3$ の第 1 象限の弧長は？

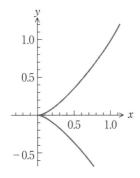

---

＊この翌年に，クリストファー・レン（1632–1723）がサイクロイドの求長を行ないました。なお，サイクロイドの下方の面積を計算したのはロベルヴァルです（1637年頃）。

$y^2 = x^3$ の両辺を $x$ で微分して，$2y \cdot \dfrac{dy}{dx} = 3x^2$

$\therefore \quad \left(\dfrac{dy}{dx}\right)^2 = \dfrac{9}{4}x$

したがって，求める長さは，

$\displaystyle \int_0^1 \sqrt{1 + \left(\dfrac{dy}{dx}\right)^2}\, dx$

$= \displaystyle \int_0^1 \left(1 + \dfrac{9x}{4}\right)^{\frac{1}{2}} dx$

$= \left[\dfrac{8}{27}\left(\dfrac{9x}{4} + 1\right)^{\frac{3}{2}}\right]_0^1$

$= \dfrac{1}{27}(13\sqrt{13} - 8)$

# Q75 サイクロイド (cycloid)・その1

半径 $b$ の動円が，下図のように直線上を，滑らずに転がっています。動円の周上の定点 $P$ が，直線に接してから次に接するまでに描く軌跡の全長は？
(この値は，クリストファー・レン＜Christopher Wren, 1632－1723＞が1658年に求めました。)

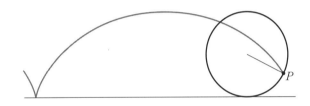

第4部 中世以降の"ちょっと悩む"問題

# A75

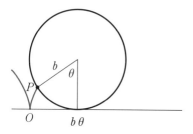

Pの座標 $(x, y)$ は，
$$x = b\theta - b\sin\theta$$
$$y = b - b\cos\theta$$
$$\left(\frac{dx}{d\theta}\right)^2 + \left(\frac{dy}{d\theta}\right)^2 = (b - b\cos\theta)^2 + b^2\sin^2\theta = 2b^2(1 - \cos\theta)$$
$$= 4b^2\sin^2\frac{\theta}{2}$$

したがって，求める値は，
$$2\int_0^\pi \sqrt{\left(\frac{dx}{d\theta}\right)^2 + \left(\frac{dy}{d\theta}\right)^2}\, d\theta$$
$$= 2 \cdot 2b \int_0^\pi \sin\frac{\theta}{2}\, d\theta$$
$$= 4b\left[-2\cos\frac{\theta}{2}\right]_0^\pi$$
$$= 8b$$

◆円に関係のある値なのに，$\pi$ を含んでいないのは不思議ですね。

# Q76 サイクロイド・その2

　前問の弧と $x$ 軸とで囲まれる部分の面積を，ガリレオやデカルトやメルセンヌは求めようとしたのですが，できませんでした。それを導いたのはメルセンヌの弟子ロベルヴァル（Roberval, 1634 年）でした（またそれとは独立に，トリチェリも 1644 年に幾何学的方法で計算しました）。

　さて，その面積の値は？

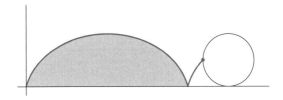

$x$ は 0 から $2\pi b$ まで進み，$\theta$ は 0 から $2\pi$ まで変わり，$dx = (b - b\cos\theta)\,d\theta$ なので，求める面積は，

$$\int_0^{2\pi b} y\,dx$$
$$= \int_0^{2\pi}(b - b\cos\theta)^2 d\theta$$
$$= b^2 \int_0^{2\pi}(1 - 2\cos\theta + \cos^2\theta)\,d\theta$$
$$= b^2 \int_0^{2\pi}\left(1 - 2\cos\theta + \frac{1+\cos 2\theta}{2}\right)d\theta$$
$$= b^2 \left[\frac{3\theta}{2} - 2\sin\theta + \frac{\sin 2\theta}{4}\right]_0^{2\pi}$$
$$= 3\pi b^2$$

# Q77 アルキメデスの螺旋

(本問とQ78の2問はかなり難しいので,本ページの下にヒントを置きます)

極方程式 $r=\theta$ で表わされた曲線を,アルキメデスの螺旋といいます。

$\theta$ が 0 から $\pi$ に変わるときのこの曲線の長さは?

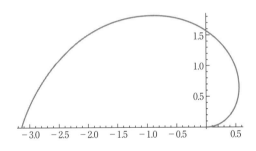

《ヒント》

$x\sqrt{x^2+1}$ を $x$ で微分すると,どうなりますか?

また,$\ln(x+\sqrt{x^2+1})$ を $x$ で微分すると,どうなりますか?

$$\frac{d}{dx}\left(x\sqrt{x^2+1}\right)=\frac{2x^2+1}{\sqrt{x^2+1}}$$

$$\frac{d}{dx}\ln\left(x+\sqrt{x^2+1}\right)=\frac{1}{\sqrt{x^2+1}}$$

$$\therefore\quad \frac{d}{dx}\left\{x\sqrt{x^2+1}+\ln\left(x+\sqrt{x^2+1}\right)\right\}=2\sqrt{x^2+1}$$

ゆえに,

$$\int\sqrt{x^2+1}\,dx=\frac{1}{2}\,x\sqrt{x^2+1}+\frac{1}{2}\ln\left(x+\sqrt{x^2+1}\right)+C$$

したがって,求める長さは,

$$\int_0^\pi\sqrt{r^2+\left(\frac{dr}{d\theta}\right)^2}d\theta$$

$$=\int_0^\pi\sqrt{\theta^2+1}\,d\theta$$

$$=\frac{1}{2}\pi\sqrt{1+\pi^2}+\frac{1}{2}\ln\left(\pi+\sqrt{1+\pi^2}\right)$$

（この値は,約 6.1099 です）

# Q78 放物線の求長(ホイヘンス)

放物線の求長を行なったのはホイヘンスでした。
$x$ が 0 から 1 に変わるときの $y=x^2$ の曲線の長さは?

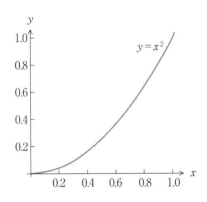

前問から自明ながら，

$$\frac{d}{dx}\left(\frac{1}{2}x\sqrt{4x^2+1}+\frac{1}{4}\ln\left(2x+\sqrt{4x^2+1}\right)\right)=\sqrt{4x^2+1}$$

《もっと一般的には，》

$$\frac{d}{dx}\left(\frac{1}{2}x\sqrt{ax^2+1}+\frac{1}{2\sqrt{a}}\ln\left(\sqrt{a}\,x+\sqrt{ax^2+1}\right)\right)=\sqrt{ax^2+1}$$

なので，求める長さは，

$$\int_0^1 \sqrt{1+\left(\frac{dy}{dx}\right)^2}dx$$
$$=\int_0^1 \sqrt{1+4x^2}\,dx$$
$$=\left[\frac{1}{2}x\sqrt{4x^2+1}+\frac{1}{4}\ln\left(2x+\sqrt{4x^2+1}\right)\right]_0^1$$
$$=\frac{1}{4}\left(2\sqrt{5}+\ln\left(2+\sqrt{5}\right)\right)$$

（この値は約 1.4789 です）

# Q 79-80
## ヤーコプ・ベルヌーイのレムニスケート(1694年)

### Q 79

点 $(a, 0)$, $(-a, 0)$ からの距離の積が $a^2$ に等しい点の軌跡の方程式を求めよ。

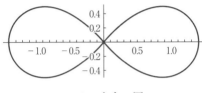

$a=1$ のときの図

なお，上記の2点を焦点 foci といいます。foci は focus の複数形です。

### Q 80

上の曲線が囲む部分の面積は？

---

＊ヤーコプ・ベルヌーイ（Jakob Bernoulli, 1654－1705）

与えられた条件より，

$$\{(x-a)^2+y^2\}\{(x+a)^2+y^2\}=a^4$$
$$\{(x^2+y^2)-2ax+a^2\}\{(x^2+y^2)+2ax+a^2\}=a^4$$
$$(x^2+y^2)^2=2a^2(x^2-y^2) \quad [これが答え。以下，極方程式を求めます]$$

$x=r\cos\theta$，$y=r\sin\theta$ とおくと，

$$(r^2\cos^2\theta+r^2\sin^2\theta)^2=2a^2(r^2\cos^2\theta-r^2\sin^2\theta)$$
$$r^4=2a^2r^2\cos(2\theta)$$
$$r^2=2a^2\cos(2\theta) \quad [極方程式はこれ]$$

第1象限の面積は $\theta$ が $0$ から $\dfrac{\pi}{4}$ までの積分なので，求める面積は，

$$4\int_0^{\frac{\pi}{4}}\frac{1}{2}r^2\,d\theta=4\int_0^{\frac{\pi}{4}}a^2\cos(2\theta)\,d\theta=2a^2\bigl[\sin(2\theta)\bigr]_0^{\frac{\pi}{4}}=2a^2$$

# Q81 カージオイド (cardioid)・その1

直径 $a$ の定円の外側を，直径 $a$ の動円が，下図のように滑ることなく転がっています。

動円の周上の定点 $P$ の描く軌跡の全長は？

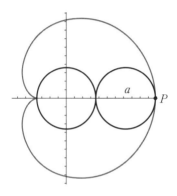

★この値を求めたのは La Hire です（1708 年）。

$P$ の座標 $(x, y)$ は，下図より，

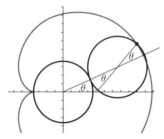

$$x = a\cos\theta + \frac{a}{2}\cos 2\theta$$

$$y = a\sin\theta + \frac{a}{2}\sin 2\theta$$

$$\frac{dx}{d\theta} = a(-\sin\theta - \sin 2\theta), \quad \frac{dy}{d\theta} = a(\cos\theta + \cos 2\theta)$$

$$\left(\frac{dx}{d\theta}\right)^2 + \left(\frac{dy}{d\theta}\right)^2 = a^2\{2 + 2\cos(2\theta - \theta)\} = 2a^2(1 + \cos\theta) = 4a^2\cos^2\frac{\theta}{2}$$

ゆえに，求める値は，

$$2\int_0^\pi \sqrt{4a^2\cos^2\frac{\theta}{2}}\,d\theta = 4a\int_0^\pi \cos\frac{\theta}{2}\,d\theta = 4a\left[2\sin\frac{\theta}{2}\right]_0^\pi = 8a$$

# Q 82-83
## カージオイド・その2

### Q 82

前問の軌跡（下図）の極方程式はどうなりますか？

ただし，極方程式にしやすいように，図形を平行移動してかまいません。

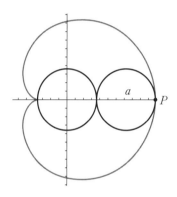

### Q 83

また，軌跡に囲まれた部分の面積は？

# A82

前問より，
$$y = a\sin\theta + \frac{a}{2}\sin(2\theta) = a\sin\theta(1+\cos\theta)$$
$y = r\sin\theta$ なので，$r = a(1+\cos\theta)$ となります。［これが答え］

ゆえに，$x = r\cos\theta = a(1+\cos\theta)\cos\theta$ となりますが，前問で求めた $x$ は，
$$x = a\cos\theta + \frac{a}{2}\cos 2\theta = a\cos\theta + \frac{a}{2}(2\cos^2\theta - 1) = -\frac{a}{2} + a\cos\theta(1+\cos\theta)$$
なので，前問の軌跡を右に $\frac{a}{2}$ 移動（この移動により，図形の尖点と座標の原点が重なる）したものが，$r = a(1+\cos\theta)$ です。

# A83

求める面積は，
$$2\int_0^\pi \frac{1}{2} r^2 d\theta$$
$$= a^2 \int_0^\pi (1+\cos\theta)^2 d\theta$$
$$= a^2 \int_0^\pi \left(1 + 2\cos\theta + \frac{1+\cos 2\theta}{2}\right) d\theta$$

$\cos\theta$ も $\cos 2\theta$ も，0 から $\pi$ まで積分すると 0 となる（形から自明）ので，
$$= a^2 \left[\frac{3}{2}\theta\right]_0^\pi = \frac{3}{2}\pi a^2$$

# Q84 アストロイド (astroid)・その1

半径 $a$ の定円の内側を，半径 $b$ $\left(b=\dfrac{a}{4}\right)$ の動円が，滑ることなく転がっています。

動円の周上の定点 $P$ の軌跡の方程式は？

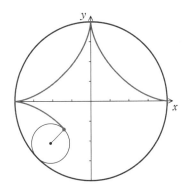

＊アストロイドについての研究を最初に発表したのはヤーコプ・ベルヌーイで 1691 年から 1692 年。

なお，astroid は，アステロイド (asteroid，小惑星) とは別の単語です。

# A84

まず，動円の中心が $(3b, 0)$ に固定として，この円が右に $4\theta$ 回転したとき，複素数平面で考えると，$P$ の位置 $z$ は，左下図より，
$$z = b(3 + \cos 4\theta - i\sin 4\theta)$$

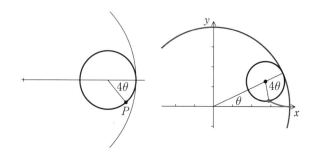

このとき，実際は動円の中心は固定ではなく，右上図のように，動円の中心（や平面全体）が原点中心に左に $\theta$ 回転した位置になるので，
$$z = b(3 + \cos 4\theta - i\sin 4\theta)(\cos\theta + i\sin\theta)$$
$$= b(3\cos\theta + \cos 3\theta) + i \cdot b(3\sin\theta - \sin 3\theta)$$
$$= 4b\cos^3\theta + i \cdot 4b\sin^3\theta$$

したがって，$xy$ 平面での $P$ の座標 $(x, y)$ は，
$$x = 4b\cos^3\theta = a\cos^3\theta, \quad y = 4b\sin^3\theta = a\sin^3\theta$$
ゆえに，$x^{\frac{2}{3}} + y^{\frac{2}{3}} = a^{\frac{2}{3}}(\cos^2\theta + \sin^2\theta) = a^{\frac{2}{3}}$

# Q 85-86
## アストロイド・その2

### Q 85
前問の軌跡（下図）の全長は？

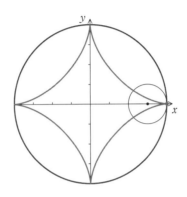

### Q 86
また，この軌跡が囲む部分の面積は？

## A85

求める全長は，第1象限部分の長さの4倍なので，

$$4\int_0^{\frac{\pi}{2}} \sqrt{\left(\frac{dx}{d\theta}\right)^2 + \left(\frac{dy}{d\theta}\right)^2}\, d\theta$$
$$= 4\int_0^{\frac{\pi}{2}} \sqrt{(-3a\cos^2\theta \sin\theta)^2 + (3a\sin^2\theta \cos\theta)^2}\, d\theta$$
$$= 4\int_0^{\frac{\pi}{2}} 3a\sin\theta \cos\theta\, d\theta$$
$$= 6a\int_0^{\frac{\pi}{2}} \sin 2\theta\, d\theta$$
$$= 6a\left[-\frac{1}{2}\cos 2\theta\right]_0^{\frac{\pi}{2}}$$
$$= 6a$$

## A86

$y = a\sin^3\theta$ （166ページ）より，

$$dy = 3a\sin^2\theta \cos\theta\, d\theta$$

第1象限で $y$ が 0 から $a$ にかわるとき，$\theta$ は 0 から $\frac{\pi}{2}$ にかわるので，求める面積は，

$$4\int_0^a x\, dy$$
$$= 4\int_0^{\frac{\pi}{2}} a\cos^3\theta \cdot 3a(1-\cos^2\theta)\cos\theta\, d\theta$$
$$= 12a^2 \int_0^{\frac{\pi}{2}} (\cos^4\theta - \cos^6\theta)\, d\theta$$
$$= 12a^2 \left(\frac{3}{4}\cdot\frac{1}{2}\cdot\frac{\pi}{2} - \frac{5}{6}\cdot\frac{3}{4}\cdot\frac{1}{2}\cdot\frac{\pi}{2}\right) \quad \text{（Q70 参照）}$$
$$= \frac{3}{8}\pi a^2$$

# Q87 ド・モアブルの確率の問題（1718年）

歪みのないコインで，コイントスを 10 回行ないます。3 回以上連続して表がでる確率は？

★『偶然性の理論』*The Doctrine of Chances*（1718年）より

以下では見やすさのために，表を○，裏を×と表記します。

$n$ 投して 3 回以上連続して○がでることがないのが $a_n$ 通りとし，まず $a_{10}$ の内訳を考えます。

① 10 投目が×の場合は，$a_9$ 通り。

② 10 投目が○，9 投目が×の場合は，$a_8$ 通り。

③ 10 投目が○，9 投目が○なら，8 投目は×でなければならず，これは $a_7$ 通り。

```
            7 8 9 10
   ①  …………×
   ②  ………×○
   ③  ……×○○
```

ゆえに，$a_{10} = a_9 + a_8 + a_7$

したがって，漸化式は，$a_{k+3} = a_{k+2} + a_{k+1} + a_k$

$a_1 = 2$，$a_2 = 4$，$a_3 = 7$ を使って順に値を求めていくと，

　　$a_4 = 13$，$a_5 = 24$，$a_6 = 44$，$a_7 = 81$，$a_8 = 149$，$a_9 = 274$，$a_{10} = 504$

ゆえに，10 回のコイントスで 3 回以上連続して表がでる確率は，

$$\frac{2^{10} - 504}{2^{10}} = \frac{65}{128}$$

## Q88 ド・モアブルの問題をさらに難問化

　歪みのないコインで，コイントスを10回行ないます。表がでた最多連続回数があなたの得点です。

　たとえば，以下のようにでた場合，（「表が3連続」が2回ありますが）3点です。

　さて，あなたの得点が3点となる確率は？

前問同様,見やすさのために,表を○,裏を×と表記します。

$n$ 投して3点以下となるのが $a_n$ 通りとすると,前問と同様に考えて,漸化式は,

$$a_{k+4} = a_{k+3} + a_{k+2} + a_{k+1} + a_k$$

$a_1 = 2$,$a_2 = 4$,$a_3 = 8$,$a_4 = 2^4 - 1 = 15$ より,$a_5 = 29$,$a_6 = 56$

一方,$n$ 投して(ちょうど)3点となるのが $b_n$ 通りとすると,$b_{10}$ の内訳は,

① 10投目が×の場合は,$b_9$ 通り。
② 10投目が○,9投目が×の場合は,$b_8$ 通り。
③ 10投目が○,9投目が○,8投目が×の場合は,$b_7$ 通り。
④ 10投目が○,9投目が○,8投目が○の場合は,7投目は×でなければならず,1投目から6投目までは3点以下であるのが必要十分条件で,$a_6$ 通り。

ゆえに,$b_{10} = b_9 + b_8 + b_7 + a_6$

したがって,漸化式は,$b_{k+4} = b_{k+3} + b_{k+2} + b_{k+1} + a_k$

上記の $a_n$ と,$b_2 = 0$,$b_3 = 1$,$b_4 = 2$ を使って順に値を求めていくと,

$b_5 = 5$,$b_6 = 12$,$b_7 = 27$,$b_8 = 59$,$b_9 = 127$,$b_{10} = 269$

したがって,得点が3点となる確率は,$\dfrac{269}{1024}$

◆得点と場合の数の一覧表を巻末198ページにおきます。

# バーゼル問題が解かれる前

$$1 + \frac{1}{2^2} + \frac{1}{3^2} + \frac{1}{4^2} + \cdots + \frac{1}{k^2} + \cdots$$

この無限級数の値は？

オルデンブルクが 1673 年にライプニッツに送った手紙の中でこの質問をし，ライプニッツは答えられませんでした。

ヤーコプ・ベルヌーイもこの問題を解けず，『無限級数の扱い』(1689 年) の中で，この級数の値について「もしも誰かが私たちの努力から逃れていた発見をして報告してくれたなら，私たちはその人に大いに感謝します」と書きました。このときベルヌーイがバーゼル大学にいたことから，この問題は「バーゼル問題」という名でよばれるようになりました。

① ヤーコプが示すことができたのは，下の不等式でした。

$$1 + \frac{1}{2^2} + \frac{1}{3^2} + \frac{1}{4^2} + \cdots + \frac{1}{k^2} + \cdots < 2$$

あなたはこれを証明できますか？

② さて，もう少し精度を上げてみましょう。

$$1 + \frac{1}{2^2} + \frac{1}{3^2} + \frac{1}{4^2} + \cdots + \frac{1}{k^2} + \cdots < 1.65$$

あなたはこれを証明できますか？
（これを証明できるなら①を証明する必要はありませんが。）

◆なお，「バーゼル問題」を 1735 年にオイラーがどのように解いたかの概略が次問のページ冒頭にありますので，「バーゼル問題」を自力で解きたい読者は，そのページを見ないように注意してください。

第 4 部　中世以降の "ちょっと悩む" 問題　　173

# A89

① 

$$1 + \frac{1}{2\cdot 2} + \frac{1}{3\cdot 3} + \frac{1}{4\cdot 4} + \cdots$$

$$< 1 + \frac{1}{2\cdot 1} + \frac{1}{3\cdot 2} + \frac{1}{4\cdot 3} + \cdots$$

$$= 1 + \left(\frac{1}{1} - \frac{1}{2}\right) + \left(\frac{1}{2} - \frac{1}{3}\right) + \left(\frac{1}{3} - \frac{1}{4}\right) + \cdots$$

$$= 2$$

② 

$$1 + \frac{1}{2^2} + \frac{1}{3^2} + \frac{1}{4^2} + \frac{1}{5^2} + \frac{1}{6^2} + \cdots$$

$\frac{1}{5^2}$ 以降の項で，分母から $0.5^2$ を引くと，

$$< 1 + \frac{1}{2^2} + \frac{1}{3^2} + \frac{1}{4^2} + \frac{1}{5^2 - 0.5^2} + \frac{1}{6^2 - 0.5^2} + \cdots$$

$$= 1 + \frac{1}{4} + \frac{1}{9} + \frac{1}{16} + \left(\frac{1}{5 - 0.5} - \frac{1}{5 + 0.5}\right) + \left(\frac{1}{6 - 0.5} - \frac{1}{6 + 0.5}\right) + \cdots$$

$$= 1 + \frac{1}{4} + \frac{1}{9} + \frac{1}{16} + \frac{1}{4.5}$$

$$= \frac{79}{48} = 1.64583\cdots$$

◆ところで，もう少し精度を上げると，約 $1.6449$ となります。これで試しに $\pi^2$ を割ってみると，約 $6.0001$ なので，バーゼル問題の答えは $\frac{\pi^2}{6}$ かもしれないな，と淡い予想が立ちますね。

　ちなみに，オイラーは 1731 年に，この値が約 1.644934 であることを算出しています。そうして答えの予想をつけているのですね。

## バーゼル問題を解いたあとで・その1

バーゼル問題を解いたのは，28歳のオイラーで，これによってオイラーは世界的な名声を獲得しました（1735年）。オイラーはバーゼル問題の解き方を生涯で4通り示していますが，その中でもっとも簡明な解き方の概略は以下のとおりです。

$\sin x$ の無限級数展開（146ページ）を使って，

$$\frac{\sin x}{x} = 1 - \frac{x^2}{3!} + \frac{x^4}{5!} - \frac{x^6}{7!} + \cdots \qquad \cdots\cdots ①$$

$\frac{\sin x}{x} = 0$ の解は，$x = \pm\pi,\ \pm 2\pi,\ \pm 3\pi,\ \cdots$ なので，

$$\frac{\sin x}{x} = \left(1 - \frac{x^2}{\pi^2}\right)\left(1 - \frac{x^2}{4\pi^2}\right)\left(1 - \frac{x^2}{9\pi^2}\right)\cdots \qquad \cdots\cdots ②$$

②の右辺を展開したときの $x^2$ の項と，①の $x^2$ の項の係数は等しいので，

$$-\frac{1}{6} = -\frac{1}{\pi^2} - \frac{1}{4\pi^2} - \frac{1}{9\pi^2} - \cdots$$

$$\frac{1}{6} = \frac{1}{\pi^2}\left(1 + \frac{1}{4} + \frac{1}{9} + \frac{1}{16} + \cdots\right)$$

$$\therefore\quad 1 + \frac{1}{4} + \frac{1}{9} + \frac{1}{16} + \cdots = \frac{\pi^2}{6}$$

バーゼル問題を解いたあと，オイラーは，右の無限級数の値も求めました。さて，これらの値は？

$$\frac{1}{1^2} + \frac{1}{3^2} + \frac{1}{5^2} + \cdots$$

$$\frac{1}{2^2} + \frac{1}{4^2} + \frac{1}{6^2} + \cdots$$

$$\frac{1}{1^2} - \frac{1}{2^2} + \frac{1}{3^2} - \frac{1}{4^2} + \cdots$$

計算を単純にするために,まず2番目の級数の値から求めていきます。

$$\frac{1}{2^2}+\frac{1}{4^2}+\frac{1}{6^2}+\cdots =\frac{1}{4}\left(\frac{1}{1^2}+\frac{1}{2^2}+\frac{1}{3^2}+\cdots\right)=\frac{1}{4}\cdot\frac{\pi^2}{6}=\frac{\pi^2}{24}$$

$$\frac{1}{1^2}+\frac{1}{3^2}+\frac{1}{5^2}+\cdots =\left(\frac{1}{1^2}+\frac{1}{2^2}+\frac{1}{3^2}+\cdots\right)-\left(\frac{1}{2^2}+\frac{1}{4^2}+\frac{1}{6^2}+\cdots\right)$$
$$=\frac{\pi^2}{6}-\frac{\pi^2}{24}=\frac{\pi^2}{8}$$

$$\frac{1}{1^2}-\frac{1}{2^2}+\frac{1}{3^2}-\frac{1}{4^2}+\cdots =\left(\frac{1}{1^2}+\frac{1}{3^2}+\frac{1}{5^2}+\cdots\right)-\left(\frac{1}{2^2}+\frac{1}{4^2}+\frac{1}{6^2}+\cdots\right)$$
$$=\frac{\pi^2}{8}-\frac{\pi^2}{24}=\frac{\pi^2}{12}$$

# Q 91-92
## バーゼル問題を解いたあとで・その2

オイラーは，以下の無限級数の値も求めました。さて，これらの値は？

### Q 91《超難問》

$$1+\frac{1}{2^4}+\frac{1}{3^4}+\frac{1}{4^4}+\cdots$$

### Q 92《超難問》

$$1+\frac{1}{2^6}+\frac{1}{3^6}+\frac{1}{4^6}+\cdots$$

★バーゼル問題の解き方が示されたあととはいえ，これらを解けるならあなたは天才でしょう。

解くのをすぐにあきらめたらもったいなさすぎます。少なくとも1週間は考えてみましょう。解けたら，その喜びは生涯続くでしょう。

第4部　中世以降の"ちょっと悩む"問題　　177

# A91

$(1-ax^2)(1-bx^2)(1-cx^2)(1-dx^2)$ を展開すると，$x^4$ の係数は，

$\dfrac{1}{2}\{(a+b+c+d)^2-(a^2+b^2+c^2+d^2)\}$ となります。

上記の式では $(1-dx^2)$ で掛け算は終わりですが，その後 $(1-ex^2)(1-fx^2)(1-gx^2)\cdots$ とずっと続いても，$x^4$ の係数は上と同じパターンとなります。

175 ページの①と②の $x^4$ の項の係数は同じなので，したがって，

$$\dfrac{1}{5!}=\dfrac{1}{2}\left(\left(\dfrac{1}{\pi^2}+\dfrac{1}{4\pi^2}+\dfrac{1}{9\pi^2}+\cdots\right)^2-\left(\dfrac{1}{\pi^4}+\dfrac{1}{16\pi^4}+\dfrac{1}{81\pi^4}+\cdots\right)\right)$$

$$=\dfrac{1}{2}\left(\left(\dfrac{1}{\pi^2}\cdot\dfrac{\pi^2}{6}\right)^2-\dfrac{1}{\pi^4}\left(1+\dfrac{1}{16}+\dfrac{1}{81}+\cdots\right)\right)$$

$$\therefore\quad 1+\dfrac{1}{16}+\dfrac{1}{81}+\cdots=\dfrac{\pi^4}{90}$$


# A92

$(1-ax^2)(1-bx^2)(1-cx^2)(1-dx^2)$ を展開すると，$x^6$ の係数は，

$$-\dfrac{1}{6}\left((a+b+c+d)^3-3(a+b+c+d)(a^2+b^2+c^2+d^2)\right.$$
$$\left.+2(a^3+b^3+c^3+d^3)\right)$$

となり，その後 $(1-ex^2)(1-fx^2)(1-gx^2)\cdots$ と続いても，このパターンは前問同様，ずっと続きます。

175 ページの①と②の $x^6$ の項の係数は同じなので，

$$-\dfrac{1}{7!}=-\dfrac{1}{6}\left(\left(\dfrac{1}{\pi^2}\cdot\dfrac{\pi^2}{6}\right)^3-3\left(\dfrac{1}{\pi^2}\cdot\dfrac{\pi^2}{6}\right)\left(\dfrac{1}{\pi^4}\cdot\dfrac{\pi^4}{90}\right)\right.$$

$$\left.+2\cdot\dfrac{1}{\pi^6}\left(1+\dfrac{1}{2^6}+\dfrac{1}{3^6}+\dfrac{1}{4^6}+\cdots\right)\right)$$

$$\therefore\quad 1+\dfrac{1}{2^6}+\dfrac{1}{3^6}+\dfrac{1}{4^6}+\cdots=\dfrac{\pi^6}{945}$$

◆なお，オイラーはのちに，$\displaystyle\sum_{n=1}^{\infty}\dfrac{1}{n^m}$ の $m$ が偶数の場合の値をすべて示しました。

# オイラーの不等式

「3角形の外接円の半径を $R$, 内接円の半径を $r$ とすると, $R \geqq 2r$ が成り立つ」

あなたはこれを証明できますか？

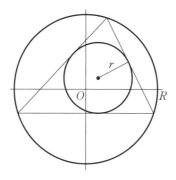

# A93

3角形の3辺を $a$, $b$, $c$ とすると，正弦定理より， $\dfrac{a}{\sin A} = 2R$

$$\therefore \quad \sin A = \frac{a}{2R}$$

3角形の面積 $S = \dfrac{1}{2} bc \sin A = \dfrac{abc}{4R}$

$$\therefore \quad R = \frac{abc}{4S}$$

また，$S = \dfrac{1}{2} r \, (a+b+c)$ $\therefore 2r = \dfrac{4S}{a+b+c}$

$$R - 2r = \frac{abc}{4S} - \frac{4S}{a+b+c} = \frac{abc(a+b+c) - 16S^2}{4S(a+b+c)}$$

分母は正なので，分子が 0 以上であることを示せば証明は終わります。

$$abc(a+b+c) - 16S^2$$
$$= abc(a+b+c) - (a+b+c)(a+b-c)(a-b+c)(-a+b+c)$$
$$[\text{ヘロンの公式による}]$$
$$= (a+b+c)\{abc - (a+b-c)(a-b+c)(-a+b+c)\}$$

$a+b-c=x$, $a-b+c=y$, $-a+b+c=z$ とおくと，$x>0$, $y>0$, $z>0$

[3角形のどの2辺の長さの和も，他の1辺より大きいので] で，

$x+y=2a$, $x+z=2b$, $y+z=2c$ で，

$$= (a+b+c)\left(\frac{x+y}{2} \cdot \frac{x+z}{2} \cdot \frac{y+z}{2} - xyz\right)$$

$$\geqq (a+b+c)(\sqrt{xy} \cdot \sqrt{xz} \cdot \sqrt{yz} - xyz) = 0 \quad [\text{等号が成り立つの}$$
は，$x=y=z$ のとき]

したがって，$R \geqq 2r$ [等号が成り立つのは，3辺の長さが等しいとき]

# オイラーの無限積

$$\frac{\sin x}{x} = \cos\frac{x}{2} \cdot \cos\frac{x}{4} \cdot \cos\frac{x}{8} \cdot \cdots$$

あなたはこの公式を導けますか？

★この公式を初めて見た読者は，きっとギョッとするでしょうし，「自分でこの式を導くことなど無理」と思うでしょう。でも，1週間だけ考え続けてみてください。自分で導けたら，それを生涯誇りに思えることでしょう。

$$\frac{\sin x}{x} = \frac{1}{x} \cdot 2\sin\frac{x}{2} \cdot \cos\frac{x}{2}$$

$$= \frac{1}{x} \cdot 4\sin\frac{x}{4} \cdot \cos\frac{x}{4} \cdot \cos\frac{x}{2}$$

$$= \frac{1}{x} \cdot 8\sin\frac{x}{8} \cdot \cos\frac{x}{8} \cdot \cos\frac{x}{4} \cdot \cos\frac{x}{2}$$

$$= \frac{1}{x} \cdot 2^n\sin\frac{x}{2^n} \cdot \cos\frac{x}{2^n} \cdot \cdots \cdot \cos\frac{x}{2}$$

$$\frac{1}{x}\, 2^n\sin\frac{x}{2^n} = \frac{\sin\dfrac{x}{2^n}}{\dfrac{x}{2^n}} \quad \text{なので,}$$

$$= \cos\frac{x}{2} \cdot \cos\frac{x}{4} \cdot \cos\frac{x}{8} \cdot \cdots \cdot \frac{\sin\dfrac{x}{2^n}}{\dfrac{x}{2^n}}$$

$n \to \infty$ とすると, $\dfrac{\sin\dfrac{x}{2^n}}{\dfrac{x}{2^n}} \to 1$ なので,

$$\frac{\sin x}{x} = \cos\frac{x}{2} \cdot \cos\frac{x}{4} \cdot \cos\frac{x}{8} \cdot \cdots$$

# Q95

## オイラーの美しい公式

$$\frac{1}{\pi} = \frac{1}{4}\tan\left(\frac{\pi}{4}\right) + \frac{1}{8}\tan\left(\frac{\pi}{8}\right) + \frac{1}{16}\tan\left(\frac{\pi}{16}\right) + \cdots$$

あなたはこの無限級数を導けますか？

——などと出題したら，これは超絶難問以外の何物でもないかもしれません。だから，大きなヒントをページ下に書いておきましょう。ヒントなしで解きたい人は，そこを見ないように注意してください。

ヒント： $\cot(2x) = \dfrac{1 - \tan^2 x}{2\tan x} = \dfrac{\cot x - \tan x}{2}$

第4部　中世以降の"ちょっと悩む"問題　183

# A95

任意の値 $x$ $\left(\neq \dfrac{n\pi}{2}\right)$ において,

$$\cot x = \frac{1}{2}\left(\cot \frac{x}{2} - \tan \frac{x}{2}\right)$$

$$= \frac{1}{4}\left(\cot \frac{x}{4} - \tan \frac{x}{4}\right) - \frac{1}{2}\tan \frac{x}{2}$$

$$= \frac{1}{2^n}\left(\cot \frac{x}{2^n} - \tan \frac{x}{2^n}\right) - \left(\frac{1}{2^{n-1}} \cdot \tan \frac{x}{2^{n-1}}\right) - \cdots - \frac{1}{2}\tan \frac{x}{2}$$

$n \to \infty$ のとき $\dfrac{\cot \dfrac{x}{2^n}}{2^n} \to \dfrac{1}{x}$

したがって,

$$\frac{1}{x} = \cot x + \frac{1}{2}\tan \frac{x}{2} + \frac{1}{4}\tan \frac{x}{4} + \frac{1}{8}\tan \frac{x}{8} + \cdots$$

$$= \frac{1}{2}\cot \frac{x}{2} + \frac{1}{4}\tan \frac{x}{4} + \frac{1}{8}\tan \frac{x}{8} + \cdots$$

$x = \pi$ を代入して,

$$\frac{1}{\pi} = \frac{1}{4}\tan\left(\frac{\pi}{4}\right) + \frac{1}{8}\tan\left(\frac{\pi}{8}\right) + \frac{1}{16}\tan\left(\frac{\pi}{16}\right) + \cdots$$

## ウォリスの等式とニュートンの等式

### Q 96

時代は少しさかのぼります——。

ウォリス（John Wallis, 1616 – 1703）の等式としては，

$$\frac{2}{\pi} = \frac{1\cdot 3}{2\cdot 2} \cdot \frac{3\cdot 5}{4\cdot 4} \cdot \frac{5\cdot 7}{6\cdot 6} \cdots$$

が有名ですが，以下の姉妹編もあります。

$$\frac{3\sqrt{3}}{2\pi} = \frac{2\cdot 4}{3\cdot 3} \cdot \frac{5\cdot 7}{6\cdot 6} \cdot \frac{8\cdot 10}{9\cdot 9} \cdots$$

$$\frac{2\sqrt{2}}{\pi} = \frac{3\cdot 5}{4\cdot 4} \cdot \frac{7\cdot 9}{8\cdot 8} \cdot \frac{11\cdot 13}{12\cdot 12} \cdots$$

$$\frac{3}{\pi} = \frac{5\cdot 7}{6\cdot 6} \cdot \frac{11\cdot 13}{12\cdot 12} \cdot \frac{17\cdot 19}{18\cdot 18} \cdots$$

あなたはこれらを導けますか？

### Q 97

$$\frac{\pi}{6} = \frac{1}{2} + \frac{1}{2}\cdot\frac{1}{3\times 2^3} + \frac{1\cdot 3}{2\cdot 4}\cdot\frac{1}{5\times 2^5} + \frac{1\cdot 3\cdot 5}{2\cdot 4\cdot 6}\cdot\frac{1}{7\times 2^7} + \cdots$$

これはニュートンの等式です。

あなたはこれを導けますか？

第4部 中世以降の"ちょっと悩む"問題　185

# A96

175 ページの②に，$x = \dfrac{\pi}{2}$ を代入すると，左辺は $\dfrac{2}{\pi}$ で，
右辺の各カッコ内は，

$$1 - \frac{x^2}{\pi^2} = 1 - \frac{1}{4} = \frac{1 \cdot 3}{2 \cdot 2}$$

$$1 - \frac{x^2}{4\pi^2} = 1 - \frac{1}{16} = \frac{3 \cdot 5}{4 \cdot 4} \quad \text{等々となり,}$$

$$\frac{2}{\pi} = \frac{1 \cdot 3}{2 \cdot 2} \cdot \frac{3 \cdot 5}{4 \cdot 4} \cdot \frac{5 \cdot 7}{6 \cdot 6} \cdots .$$

以下同様で，175 ページの②に，$x = \dfrac{\pi}{3}$ を代入した場合，$x = \dfrac{\pi}{4}$ を
代入した場合，$x = \dfrac{\pi}{6}$ を代入した場合に，それぞれ以下が得られます。

$$\frac{3\sqrt{3}}{2\pi} = \frac{2 \cdot 4}{3 \cdot 3} \cdot \frac{5 \cdot 7}{6 \cdot 6} \cdot \frac{8 \cdot 10}{9 \cdot 9} \cdots$$

$$\frac{2\sqrt{2}}{\pi} = \frac{3 \cdot 5}{4 \cdot 4} \cdot \frac{7 \cdot 9}{8 \cdot 8} \cdot \frac{11 \cdot 13}{12 \cdot 12} \cdots$$

$$\frac{3}{\pi} = \frac{5 \cdot 7}{6 \cdot 6} \cdot \frac{11 \cdot 13}{12 \cdot 12} \cdot \frac{17 \cdot 19}{18 \cdot 18} \cdots$$

# A97

145 ページの $\arcsin x$ の無限級数展開を見たとき，「係数の $\dfrac{3}{40}$ や
$\dfrac{5}{112}$ はいったいなんだろう？」と自発的に考えた人は，本問を容易
に解けたことでしょう。

145 ページより，

$$\arcsin x = x + \frac{1}{2} \cdot \frac{x^3}{3} + \frac{1 \cdot 3}{2 \cdot 4} \cdot \frac{x^5}{5} + \frac{1 \cdot 3 \cdot 5}{2 \cdot 4 \cdot 6} \cdot \frac{x^7}{7} + \cdots$$

$x = \dfrac{1}{2}$ とおくと，$\arcsin x = \dfrac{\pi}{6}$ で，

$$\frac{\pi}{6} = \frac{1}{2} + \frac{1}{2} \cdot \frac{1}{3 \times 2^3} + \frac{1 \cdot 3}{2 \cdot 4} \cdot \frac{1}{5 \times 2^5} + \frac{1 \cdot 3 \cdot 5}{2 \cdot 4 \cdot 6} \cdot \frac{1}{7 \times 2^7} + \cdots$$

# Q98 $e$ は無理数（フーリエ，1815 年）

$e$ を無限級数に展開すると，以下のようになります（ニュートン，1665 年）。

$$e = 1 + \frac{1}{1!} + \frac{1}{2!} + \frac{1}{3!} + \frac{1}{4!} + \frac{1}{5!} + \cdots$$

これを使ってフーリエは，$e$ が無理数であることを（単純に）証明しました。

あなたは証明できますか？

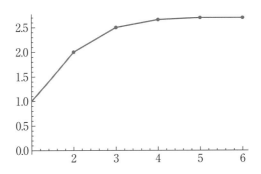

---

＊ジョセフ・フーリエ（Joseph Fourier，1768 - 1830）

# A98

まず，$e$ を有理数と仮定すると，$e = \dfrac{m}{n}$（$m$，$n$ はどちらも正の整数）と書けます。

$n!e = n! \dfrac{m}{n} = (n-1)!m$　で，これは整数。

$e = \left( 1 + \dfrac{1}{1!} + \dfrac{1}{2!} + \dfrac{1}{3!} + \cdots + \dfrac{1}{n!} \right) + \cdots$　と分けると，

$$n!e = \left( n! + \dfrac{n!}{1!} + \dfrac{n!}{2!} + \cdots + \dfrac{n!}{n!} \right) + R$$

左辺も，右辺のカッコ内も整数なので，$R$ も整数（$R$ を構成する部分はすべて正なので，$R$ は正の整数）であることになります。

$$R = n! \left\{ \dfrac{1}{(n+1)!} + \dfrac{1}{(n+2)!} + \dfrac{1}{(n+3)!} + \cdots \right\}$$

$$= \dfrac{1}{n+1} + \dfrac{1}{(n+1)(n+2)} + \dfrac{1}{(n+1)(n+2)(n+3)} + \cdots$$

$$< \dfrac{1}{n+1} + \dfrac{1}{(n+1)^2} + \dfrac{1}{(n+1)^3} + \cdots = \dfrac{1}{n} \leqq 1$$

したがって，$R$ は 1 よりも小さな正の整数であることになり，矛盾。

ゆえに，$e$ は有理数ではなく，無理数です。

# Q99 シュタイナーの平面分割の問題（1826年）

$n$ 本の直線によって，平面を最大何個の部分に分割できる？

この問題は，以下のピザ版で見た人が多いかもしれません。
「ピザナイフで切り口が直線になるようにピザを切り分けるとき，$n$ 回ナイフを使うと，最大いくつの部分に分けることができる？」

*ヤコプ・シュタイナー（Jakob Steiner, 1796 - 1863）

# A99

　2直線が平行であったり，3本以上の直線が1つの点を通ると，最大数にはなりません。ゆえに，そうならないようにします。

　$n$ 本の直線で得られる平面領域の個数を $L_n$ とします。

　$(n+1)$ 本の直線を引くと，もとの直線との交点は $n$ で，この $n$ 個の交点により，$(n+1)$ 本目の直線は $n+1$ に分割されます。それにより，その片側に新たに $n+1$ の平面領域が増えます。したがって，

$$L_{n+1}=L_n+(n+1)$$

$n=0,\ 1,\ 2,\ 3,\ \cdots$ を順に代入して，

$$L_1=L_0+1$$
$$L_2=L_1+2$$
$$L_3=L_2+3$$
$$\cdots\cdots$$
$$L_n=L_{n-1}+n$$

$L_0=1$ で，これらの合計により，

$$L_n=1+(1+2+3+\cdots+n)=\frac{1}{2}(n^2+n+2)$$

# Q100
## シュタイナーの空間分割の問題（1826年）

$n$ 枚の平面によって，空間を最大何個の部分に分割できる？

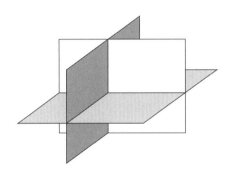

# A100

　当然ながら，空間の部分の個数をわざわざ少なくするように平面を置かないものとします。

　$n$ 枚の平面で分割されている領域の個数を $P_n$ とおきます。

　$(n+1)$ 枚目の平面で空間を切断すると，その平面上に「その平面と他の平面との交線」がすべてあり，それらの交線で分割されている領域数 $L_n$（前問の値）が，加えた平面の片側に新たに加わります。つまり，

$$P_{n+1} = P_n + L_n$$

$n = 0$，$1$，$2$，… を順に代入して，

$$P_1 = P_0 + L_0$$
$$P_2 = P_1 + L_1$$
$$P_3 = P_2 + L_2$$
$$…$$
$$P_n = P_{n-1} + L_{n-1}$$

$P_0 = 1$，$L_0 = 1$ で，これらを合計して，

$$P_n = 2 + (L_1 + L_2 + L_3 + \cdots + L_{n-1})$$

前問より，$L_n = \dfrac{1}{2}(n^2 + n + 2)$ なので，

$$= 2 + \frac{1}{2}\sum_{k=1}^{n-1}(k^2 + k + 2)$$
$$= \frac{1}{6}(n^3 + 5n + 6)$$

192

# シュタイナーの問題（19世紀）

$x$ の $x$ 乗根を最大にする $x$ の値を求めよ。$(x > 0)$

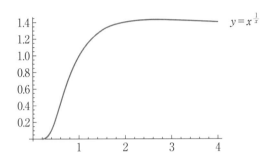

◆ $f(x) = x^{\frac{1}{x}}$ とおいて，これがどんな値をとるかをちょっと調べてみましょう。

$f(1) = 1$
$f(2) = 2^{\frac{1}{2}}$　（これを6乗すると $2^3 = 8$）
$f(3) = 3^{\frac{1}{3}}$　（これを6乗すると $3^2 = 9$）
$f(4) = 4^{\frac{1}{4}} = 2^{\frac{1}{2}}$

したがって，$f(1) < f(2) < f(3) > f(4)$ なので，答えは2と4の間にあることが予想できますね。さて，答えの値は？

# A101

$$x^{\frac{1}{x}} = e^{\frac{1}{x}\ln(x)}$$

$t = \dfrac{1}{x}\ln(x)$ とおくと，

$$\frac{d}{dx}\,e^t = \frac{d}{dt}\,e^t \cdot \frac{dt}{dx} = e^t\left(\frac{1}{x^2} - \frac{\ln x}{x^2}\right) = \frac{x^{\frac{1}{x}}}{x^2}\{1 - \ln(x)\}$$

任意の $x>0$ に対して $\dfrac{x^{\frac{1}{x}}}{x^2} > 0$ なので，$f'(x)=0$ となるのは，$1-\ln(x)=0$ つまり $x=e$ のときのみ。したがって，グラフの概形より，これが答え（ちなみに，$e = 2.71828\cdots$）。

◆ $e^{\frac{1}{e}} = 1.444667861\cdots$　この値はシュタイナー数とよばれます。

# 巻末補足

《Q60　ヘロンの面積の近似値・その2》

6.1818 を正則連分数で表わすと，以下のようになります。

$$6 + \cfrac{1}{5 + \cfrac{1}{1 + \cfrac{1}{1 + \cfrac{1}{454}}}}$$

第2次近似分数は $\dfrac{37}{6}$，第3次近似分数は $\dfrac{68}{11}$ です。

## 《Q72のあとならわかるQ43のより正確な値》

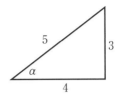

$\alpha$ のより正確な値を求めてみましょう。

$\beta = \alpha - 30°$ とおくと,
$\sin\beta = \sin(\alpha - 30°) = \sin\alpha\cos30° - \sin30°\cos\alpha = \frac{1}{10}(3\sqrt{3}-4)$
$= 0.11961524227\cdots$

$\arcsin x = x + \frac{1}{6}x^3 + \frac{3}{40}x^5 + \frac{5}{112}x^7 + \cdots$ の $x^7$ の項までを使い,
$x = 0.11961524227$ を代入して,$\beta = \arcsin(\sin\beta) = 0.119902333\cdots$
（ラジアン）

したがって,$\alpha = 30° + \beta \cdot \frac{180°}{\pi} = 36.8698976\cdots°$

【なお,上記で30°を予め引いておくのは,無限級数の収束速度を早めるためです。当然ながら,30°ではなく36°を引けば,収束はもっと早まります。】

## 《参考》Q88　ド・モアブルの問題をさらに難問化

　得点と場合の数の一覧表は右の
ようになります。


　得点の最頻値は 2 点です。

　また，得点の期待値（平均値）
は，

$$\frac{2866}{1024} = \frac{1433}{512} \fallingdotseq 2.7988 \text{ 点です。}$$

| 得点 | 通り |
|:---:|:---:|
| 0 | 1 |
| 1 | 143 |
| 2 | 360 |
| 3 | 269 |
| 4 | 139 |
| 5 | 64 |
| 6 | 28 |
| 7 | 12 |
| 8 | 5 |
| 9 | 2 |
| 10 | 1 |

小野田博一（おのだ　ひろかず）

東京大学医学部保健学科卒業。同大学院博士課程単位取得。大学院のときに2年間、東京栄養食糧専門学校で講師を務める。日本経済新聞社データバンク局に約6年勤務。ICCF（国際通信チェス連盟）インターナショナル・マスター。著書に『論理的な作文・小論文を書く方法』『論理的な思考力を鍛える本』『数学＜超絶＞難問』（以上、日本実業出版社）、『13歳からの論理ノート』『13歳からの数学トレーニング』『13歳からの勉強ノート』『数学難問BEST100』（以上、PHP研究所）、『超絶難問論理パズル』（講談社）などがある。

れきしじょう　すうがくしゃ　いど
歴史上の数学者に挑む
こてんすうがく　なんもん
古典数学の難問101

2016年6月1日　初版発行

著　者　小野田博一　©H. Onoda 2016
発行者　吉田啓二

発行所　株式会社日本実業出版社　東京都文京区本郷3-2-12　〒113-0033
　　　　　　　　　　　　　　　　大阪市北区西天満6-8-1　〒530-0047
　　　　編集部 ☎03-3814-5651
　　　　営業部 ☎03-3814-5161　振　替　00170-1-25349
　　　　　　　　　　　　　　　http://www.njg.co.jp/

印　刷／壮　光　舎　　製　本／若林製本

この本の内容についてのお問合せは、書面かFAX（03-3818-2723）にてお願い致します。
落丁・乱丁本は、送料小社負担にて、お取り替え致します。

ISBN 978-4-534-05388-6　Printed in JAPAN

## 日本実業出版社の本

**時代を超えて天才の頭脳に挑戦！**
## 数学＜超絶＞難問

小野田博一
定価 本体 1500円（税別）

アルキメデスの幾何、ライプニッツやベルヌーイも解けなかった問題など、普通の数学パズルでは物足りない"数学マニアの卵"やパズルファン向けの数学の難問を満載しました。

## 本当はすごい小学算数

小田敏弘
定価 本体 1500円（税別）

名門中学の算数の入試問題につまった"数学の大切なエッセンス"をやさしく解説。難問に挑戦したい人はもちろん、クイズ・パズル感覚で楽しみたい人にもおすすめの一冊です。

## 東大の入試問題で「数学的センス」が身につく

時田啓光
定価 本体 1400円（税別）

東京大学の数学入試問題を通して、ビジネスや日常生活での問題解決の場面で求められる発想の転換や多角的な視点（＝「数学的センス」）についてわかりやすく解説します。

定価変更の場合はご了承ください。